艾蜜莉的萌系動物羊毛氈

狗狗篇
= DOG =

Emily's
Lovely Dogs
to Needle Felt

U0072068

＊ 序 ＊

　　我以前的工作其實是藥師，和創作完全搆不上邊。一開始，只是偶然在網路上看到一張由羊毛氈做出的擬真動物照片，在那個當下，心中好像某一塊被觸動到了，立刻讓我深深著迷！這真的是一個很特別的體驗，之前也接觸過色鉛筆等等媒材，但是衝擊力遠不及擬真動物羊毛氈。

　　此時藥師的工作也已經做了五年以上了，坦白說呢，在接觸羊毛氈以前我就已經開始尋找到底什麼是自己最喜歡的藝術類型，也有過各種嘗試。因為藥師的工作雖然相當穩定，也有著不錯的薪水，但我心底深處明白這不會是我熱愛一輩子的事情，也沒辦法日日朝九晚五為了不是非常喜歡的事情工作，想到要踏出門上班，總是覺得沒有元氣（虛弱）。

　　時間拉回 2015 年，開始接觸擬真動物羊毛氈之後，我好像掉進一個快樂漩渦，我每天可以專注投入 7 ～ 8 小時以上，只想著完成一個又一個可愛的動物作品。這樣的心情真是前所未有，我知道我找到它了！這就是我最喜歡的藝術媒材類型。

　　另一方面，我認為自己相當的幸運，羊毛氈在台灣很早就有了，但多數偏 Q 版可愛的類型。當時玩擬真動物的手作家還沒有這麼多，我想自己剛好是跟著浪衝了上來，也有堅持住，持續開拓出自己的道路。

　　我一開始是一邊從事藥師工作，下班後接客製寵物訂單。這樣的生活持續半年到一年後才嘗試教學，結果很意外也很幸運，我的教學方式似乎對大家來說接受度算高，自己也從中得到很大的成就感。後來隨著學生上課狀況穩定，評估一段時間後，我終於在 2017 年離職，全心投入羊毛氈教學與創作的領域。

這些年來教過不少學生，每次上課有新面孔、也有許多上課見面次數多到幾乎成為老朋友的學生。老實說，我以前從沒想過自己的作品特色是什麼，甚至認為自己的作品沒有特色（笑）。但在開始教學後，漸漸收到很多回饋，很多學生都說是因為喜歡我的作品神韻溫柔可愛，所以喜歡來上課，或許這就是我的作品特色吧！雖然說是擬真，但我沒有特別注重工整或是極度的逼真，比較追求的是作品整體呈現的協調感與可愛的氛圍。日本手作家——中山 Midori 老師的作品即是我心目中理想的樣子。

能夠出版這本書，要感謝的人很多。還記得剛接觸擬真動物羊毛氈沒有多久，當時也有出版社力邀出書，但當時總覺得自己的能力似乎還不夠，沒有到可以出一本教學書的程度（現在回頭看，也還好沒有答允）。直到這次出版社邀約，此時我已經接觸羊毛氈超過八年，心態上我想已經準備好了，於是來回幾次商討之後，便開始著手進行。

這本《艾蜜莉的萌系動物羊毛氈》，一共分為兩本，狗狗篇和貓咪篇。裡頭收錄的都是最具代表性的寵物，只要學會後就可以融會貫通挑戰更多品種的貓貓狗狗。我希望它們能夠成為實用且易懂的工具書，讓所有想接觸這個領域的人，都能在其中找到需要的資訊。我將教課多年累積的經驗都放在書裡，有我研究許久的技巧，課程上最多學生困惑的問題、常搞錯的細節，還提供了我自己繪製的「原尺寸對照圖」，希望讓大家當作輔助，更容易上手！

即便我盡可能地分享所有技巧，但擬真動物羊毛氈沒有速成班，還是必須透過練習去熟悉手感，才能做得越來越相似。不過也不用壓力大，我認為手作的過程本身就充滿樂趣，不需要追求立即性的完美，即使做出來的狗狗有點歪、頭有點大，帶點喜感也是很可愛啊！看著手上本來蓬鬆一團的羊毛逐漸成形，感覺自己也得到了療癒。每次上課跟學生們一起開心大笑，都讓我再次感謝自己當初勇敢的選擇。希望你們也能透過這本書，一起享受這段有趣的羊毛氈旅程！

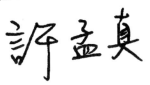

Cute Dogs to Needle Felt !!

* CONTENTS *
目錄

* CONTENTS *
目 錄

1

動物羊毛氈的 基礎導覽

DOG

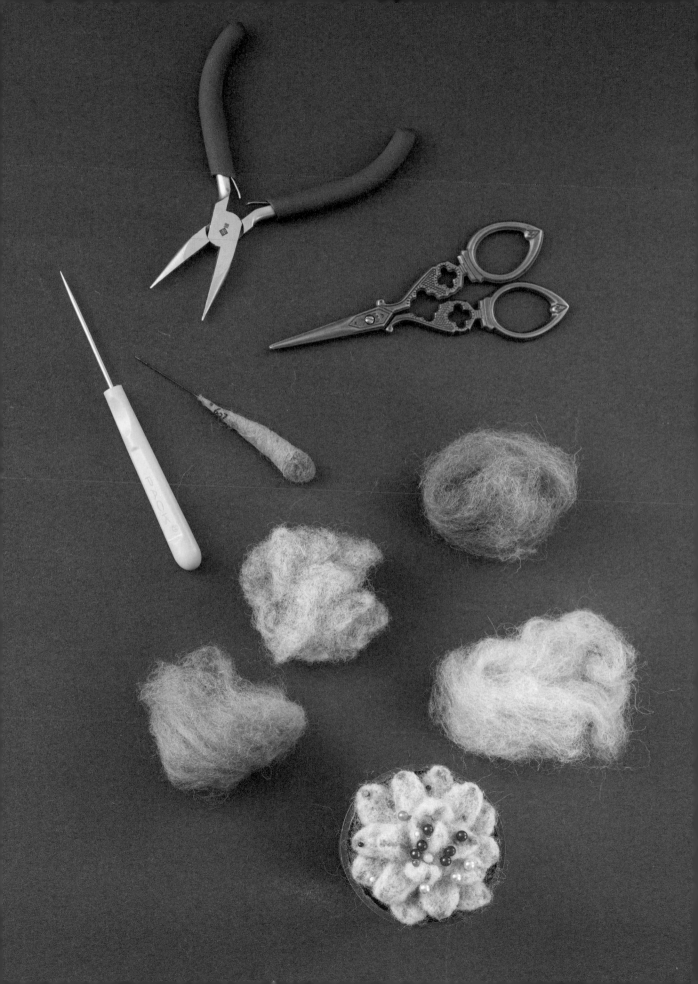

擬真可愛的
萌系動物羊毛氈

在開始學習戳刺可愛的動物們之前，我們先來了解羊毛氈的基本原理！原理非常簡單，羊毛氈製品是由一大團蓬鬆的羊毛，藉由特殊的戳針（上面有倒刺），一針針的戳刺之下，讓羊毛的纖維糾結在一起，變得越來越紮實，並在這個過程中塑型，產生我們想要的形狀。因為材料就是羊毛，觸感舒適，可以依照戳刺程度改變軟硬度，甚至在表面植上漂亮的毛，做出細緻逼真的動物，這也是它的迷人之處！以羊毛氈的形式表現毛孩的質感，總是讓人愛不釋手。

《 羊毛氈的成型原理 》

羊毛氈的技法分為兩種，一種是「針氈」，另一種是「濕氈」，這兩種有很大的不同，這本書主要的範疇是以針氈為主，但也向大家稍微介紹兩者的差異：

針 氈

羊毛的纖維可以透過戳針上的倒刺，藉由一針針反覆戳刺的動作讓纖維之間產生連結而成型。因為主要工具是「戳針」，故我們稱之為「針氈」。

濕 氈

羊毛可以透過介面活性劑（如肥皂、洗髮精）與水調配出特定的比例，經過搓洗而形成堅固如布料般的樣態，這會運用在製作羊毛氈鞋、包包甚至服飾等等。因為有接觸水，故稱之為「濕氈」。

《 豐富多變的羊毛氈類型 》

同樣都是羊毛氈，但其實類型分很多種，包含一般常見的 Q 版、擬真羊毛氈，以及藝術創作的類型，還可以用來製作包款等生活小物，可以表現的型態和用途都很多，戳刺過程也相當療癒。而在這本書中，我們做的是擬真動物羊毛氈。

《 擬真 vs. Q版的動物羊毛氈 》

一般 Q 版動物羊毛氈比較不需要注意臉部骨骼的結構、眼皮顴骨製作或植毛的細節。當然兩者無法比較高與低，只是擬真動物羊毛氈會帶有很多雕塑的概念，也必須對動物觀察入微。

動物羊毛氈的
常用素材＆工具

由於市售的品牌相當多，以下會以介紹我自己常用的為主。好的材料和工具，可以讓製作過程更順手，成品的細緻度也有影響，大幅提高成功機率！

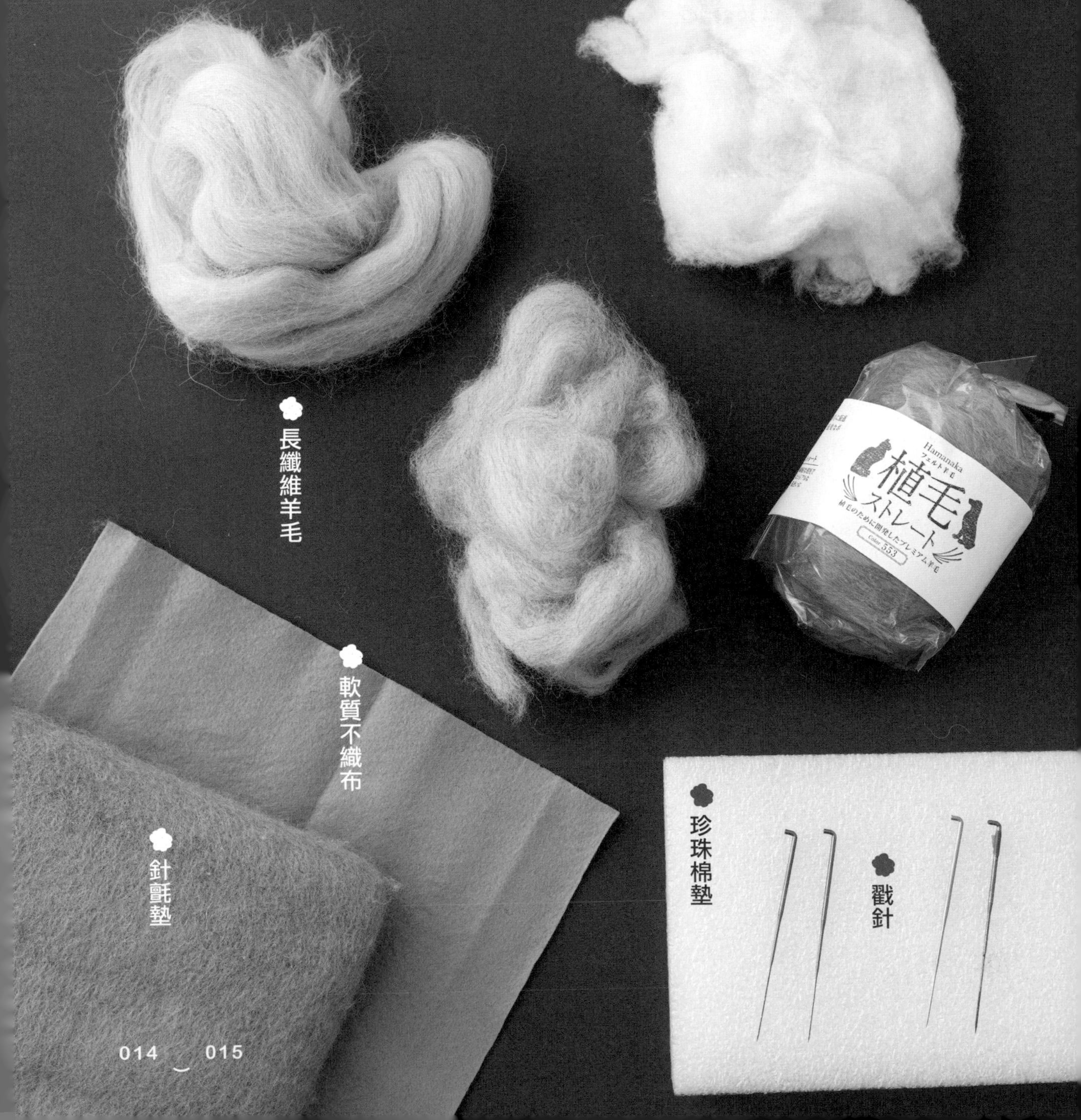

短纖維羊毛

長纖維羊毛

軟質不織布

針氈墊

珍珠棉墊

戳針

基礎材料與工具

🌸 羊毛

羊毛的種類和品牌很多，大範圍可分為「長纖維」以及「短纖維」兩種。

短纖維羊毛

通常一扯即斷裂，適合拿來做羊毛氈粗胚的塑型，纖維越短，成品表面也會越細緻平滑。使用短纖維羊毛打底時，如果摸起來已經有點成塊、密度較高的會更好，可以增加作品氈化的速度。我使用的是「**西班牙短纖維羊毛**」。

長纖維羊毛

種類眾多，例如美麗諾羊毛、Corrie柯瑞戴爾羊毛等等，特色是纖維不易拉扯斷裂，適合用在濕氈或是植毛用。我在使用長纖維植毛時，首選羊毛是日系品牌「**Hamanaka**」**的專屬植毛系列及 Mix 系列**，另外還有**羊駝毛**（極柔順如毛髮）或**Corrie 柯瑞戴爾羊毛**（有點微自然捲曲），基本上會視不同動物種類的毛色或質地去調配使用。至於有些摸起來太過細軟的長纖維羊毛容易沾黏，會使作品毛髮看起來不蓬鬆，這種建議盡量避免使用。

* 以上羊毛皆可在「瑪琪羊毛氈工坊」購買

🌸 戳針

做羊毛氈會使用有特殊倒刺的戳針。在網路上可以看到非常多的名稱，如旋風針、四角針（又稱星針）等等，每個店家的戳針即便取名相同，也可能因進貨來源不同以致手感不一樣，原因是倒刺的排列只要稍有不同，就會影響氈化程度。

我常使用日系品牌「**Clover可樂牌**」的 **#607**（粗）、**#606**（細）戳針，這系列的戳針銳利，但是也比較容易折斷。可樂牌戳針的販售商店多，大家可以自行搜尋。另外我也會使用德國粗四角針（粗星針），此款戳針較不容易折斷。植毛時則幾乎都使用可樂牌的 #607 或 #608 戳針。

另外還有一種特殊針叫「倒鉤針」（又稱拉毛針），這種戳針會逆向將作品表面的毛鉤出來，產生微微的絨毛感，也是大家可以體驗看看的。

🌸 工作墊

珍珠棉墊是適合新手使用的工作墊，材質為EPE，單價低，好取得，但缺點是易隨著使用次數而凹陷。而比起珍珠棉墊，我最常使用的是 **Woolbuddy 針氈墊**（XL 尺寸），上面墊上一層軟質不織布，能夠長期使用（我已使用數年）。可從 Amazon 亞馬遜網站購買，雖然單價加運費可能近千元，但是相對環保，而且可以用很久。

輔助工具

🌸 微量秤

使用在羊毛的取量秤重，對於新手會相當有幫助。因為羊毛很輕，建議購買能夠準確測到小數點後兩位的規格，我使用的單位是 500g×0.01g。

🌸 Hamanaka 雙針筆

在一支筆管中裝入兩根戳針，可以加速作品成形。此握柄手感佳，但是我會自行將裡面的戳針替換成兩支 Clover 可樂牌的 #606 或他牌細針，因為原本附的 Hamanaka 戳針阻力過大，作品表面容易凹陷。

🌸 Clover 可樂牌三針筆

可以裝入三根戳針的筆，這也是用來加速作品的成形，通常用在比較大面積的部位，如動物身體的粗胚。

🌸 錐子

這是調整作品時相當重要的工具，可以微調眼距、鼻樑高度、整理植好的毛等等。大家記得挑選前端如「竹籤」形狀的錐子，才不會過鈍不好使用。

🌸 記號筆（熱消筆、水消筆）

用來畫出眼珠位置，或是植毛花紋記號。有分為透過「熱氣」（吹風機）消除與「水分」（濕紙巾擦拭）消除的款式。我兩種都會使用到。

🌸 保麗龍膠

品牌不拘，文具行就有販售。用來固定眼珠、黏鬍鬚等等。

🌸 斜口鉗、無牙尖嘴鉗

製作動物身體骨架時使用，尖嘴鉗負責彎曲形狀、斜口鉗負責剪斷鐵絲。五金百貨店都有販售。

🌸 腮紅、眉粉

腮紅可以用來替動物肚皮或嘴部周圍上色。眉粉則是製作臉部時要加深顏色相當地好用。品牌不拘。

保麗龍膠

記號筆
（熱消筆、水消筆）

錐子

Clover 可樂牌三針筆

Hamanaka 雙針筆

微量秤

斜口鉗

無牙尖嘴鉗

腮紅

眉粉

植毛
專用工具

🌸 寵物針梳

在整理身體大面積的毛時相當容易梳開，可以讓作品毛髮變蓬鬆。我是使用 HelloPet 自動針梳（S 號），具有按壓自動退毛的功能，能讓梳子保持乾淨。

🌸 睫毛梳

區分為「塑膠梳齒」與「鋼梳齒」兩種，前者適合用來梳開頭部小範圍的毛，後者通常拿來處理「毛量過多」的問題，因為可以均勻地把毛梳下來讓毛量輕薄，相當好用。

🌸 剪刀

我手邊會備有一支美容小剪刀以及一把五吋半的頭髮剪刀（德國 Dovo）。只要選擇使用上感覺順手、銳利的剪刀即可。

🌸 梳毛板（混毛梳 - 兩隻一組）

我使用的是 Ashford 梳毛器，尺寸為 19.5×11cm。這個牌子的梳毛板尺寸偏大，可以一次混較大量的羊毛。使用方式為將不同顏色的羊毛條排在兩片梳毛板上，然後手持互相輕輕地對拉。過程中也可以整片撕下來，調整羊毛的顏色配置，再重複對拉的動作，顏色就會漸漸地混合均勻。

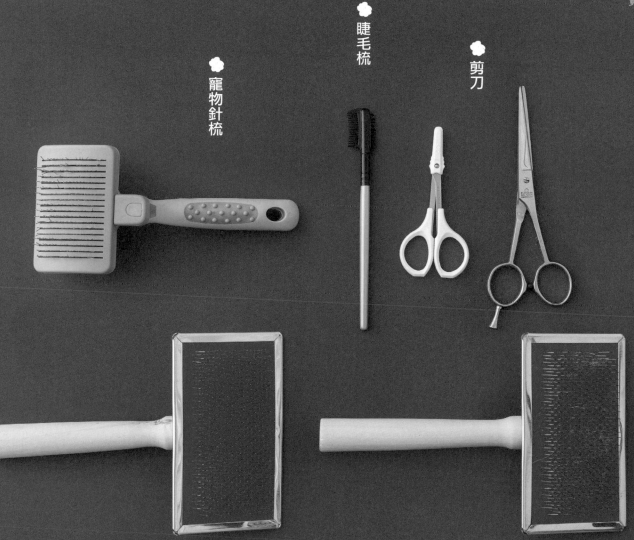

睫毛梳

剪刀

寵物針梳

梳毛板

小零件

❀ 毛根

❀ 白鐵絲線圈

❀ 擬真狗鼻

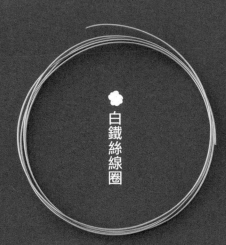

❀ 鬍鬚

❀ 玻璃動物眼珠

❀ 咖啡水晶眼

❀ 黑豆眼

✿ 毛根

又稱「扭扭棒」。當鐵絲骨架製作好之後，使用毛根纏繞在鐵絲上面，再用羊毛纏繞。毛根除了可以使鐵絲的結構更加穩定，亦可讓羊毛輕鬆地附著上去，節省戳刺的時間。

✿ 白鐵絲線圈

我最常使用 #20 與 #22 的鐵絲，號碼越大，就表示越細。一般製作 18cm 內的作品會使用 #22 鐵絲，18-25cm 左右的作品會使用更粗的 #20 鐵絲。

✿ 鬍鬚

以往我會購買 Rainbow 虹牌油漆刷（白色刷毛）來製作，但現在網路已有現成的「仿真動物鬍鬚」可以購買。用手指指甲輕輕刮過鬍鬚可以使之出現自然弧度，大家不妨試試！

✿ 擬真狗鼻

有分偏方形與倒三角形，還有咖啡色、黑色等等，我會按照犬種去作挑選，最常使用 8mm 與 10mm 寬的狗鼻子（完成的狗狗頭部大約落在 3-5cm 寬），若想製作更大的頭部，就可以再往上挑選 12mm 等尺寸。

✿ 黑豆眼 · 咖啡水晶眼

製作狗狗眼珠時使用。我最常使用 5-8mm 之間的大小（完成的狗狗頭部大約落在 3-5cm 寬）。

✿ 玻璃動物眼珠

本書使用於哈士奇的眼球，但玻璃眼珠其實我最常用在貓咪身上，較常使用的大小有 6mm、8mm 及 10mm。如果遇到相當特殊的眼珠顏色，我會使用相片紙列印出眼珠圖案，再剪下來用 UV 膠滴一滴在上面，並蓋上透明玻璃眼珠後，照 UV 燈使之黏緊再剪下使用。網路上搜尋會有販售「透明半球玻璃動物眼」的店家。

羊毛氈基礎技法

接下來要教大家羊毛氈基本的技巧，原理很容易理解，但要做得細緻仍然需要靠練習，才有辦法掌握手感，這也是做出擬真感的重要基礎。

掃這邊
看示範影片

《 握針 & 入針 》

羊毛氈是靠戳針戳刺來塑型，因此學會正確握針和入針的方法很重要。握戳針的時候，會以食指及大拇指握住戳針上端，以「直進直出」或「斜進斜出」的方式入針，避免斷針。

POINT 初期塑型時，我習慣使用偏粗的 CLOVER 可樂牌 #607 或者德國粗星針，比較堅固不容易斷裂。

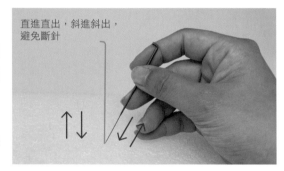

直進直出，斜進斜出，
避免斷針

《 取量 》

因為羊毛通常都是一整團，需要取出適量來製作。取量的訣竅在於取毛後先試捲出想要的形狀，再把多餘的毛抽掉，等戳刺成形後，覺得不夠再補毛。不過羊毛戳刺前後的體積差異很大，想要精準取量需要靠經驗判斷，並非可以速成，剛開始可能常需要補毛，多練習幾次就會熟練。

《 捲毛 》

取量後要將羊毛捲成需要的形狀。羊毛非常蓬鬆，因此新手最常遇到的問題，就是羊毛捲不緊或是鬆開，通常是力道不夠的關係。在捲毛過程中，我會以指甲顏色判斷是否有出到

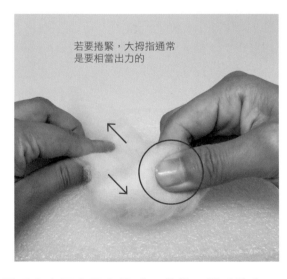

若要捲緊，大拇指通常
是要相當出力的

力氣，若大拇指指甲反白表示有用力捲毛。此外，捲毛沒有一次到位也無妨，可以捲到一半時稍微戳刺固定（避免彈開），繼續把剩下的毛捲完，多餘的毛再抽掉即可。

《 製作不同形狀 》

圓球（基底）

先取一小條長毛，將頭端打結後，剩餘的毛繞著這個結轉，將這個結
包覆起來。再用戳針將整體平均戳成紮實的圓球形狀。

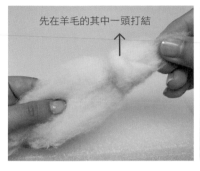
先在羊毛的其中一頭打結

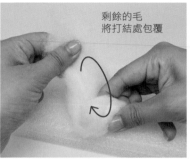
剩餘的毛
將打結處包覆

圓餅（基底）

先將羊毛折成像正方形的塊狀，將它戳硬，之後再將戳針打 45 度角，
將四個邊慢慢修成弧形。

先折成正方形

將邊緣修成弧形

圓餅狀完成

圓錐形（嘴管）

狗狗最常用到的嘴管就是圓
錐形。取出羊毛條之後，先
將兩個長邊往內折成需要的
寬度（例如嘴管長度），接
著先往內折成一個平面的等
腰三角形後稍微戳刺固定，
再沿著三角形一邊捲一邊戳
刺，並將前面最尖端的地方
稍微往內收圓潤，讓它不要
這麼尖。

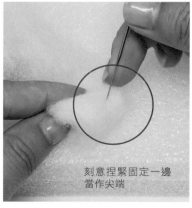
刻意捏緊固定一邊
當作尖端

保留活毛
鼻尖

POINT 手捏的另一端保持活毛狀態，用來當接合頭部的位置。

三角片狀（耳朵）

耳朵屬於薄片狀，通常我會把兩邊往中間折成三角形，再將戳針打斜去做氈化。注意入針不要過深，免得最後黏在戳墊上很難拔下來。最後再讓針躺平一點戳，去收外側的邊邊。

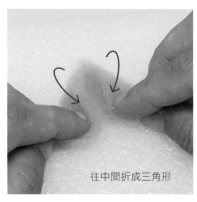

往中間折成三角形

先將中間部分戳紮實

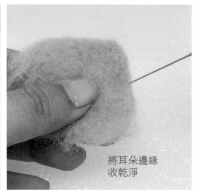

將耳朵邊緣
收乾淨

片狀（舌頭）

舌頭也是薄片狀，我只會撕取想做的舌頭大小，鋪好後，直接氈化整體，然後再收外圍形狀，概念跟耳朵雷同。

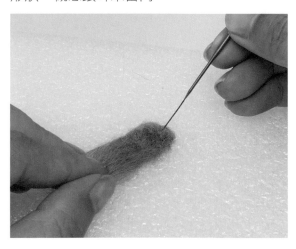

刻線（手掌紋路、嘴巴線條等）

動物手掌的前端通常會先包覆成圓形，這個圓形需要紮實，再去刻劃指縫的線。這時我們會取少許羊毛扭轉成細線，戳刺固定後，再將線戳刺接合到需要的部位。

POINT 使用戳針刻劃手掌線條時，注意要由下往上戳刺。若由上往下戳刺，手掌前端容易扁掉。

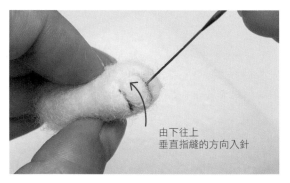

由下往上
垂直指縫的方向入針

《 接合 》

將兩個配件（如頭部與嘴管）銜接在一起時使用的技巧。入針方向會需要平行接合方向戳刺，這樣可以避免接合處產生一圈凹縫。

入針方向會與接合方向呈水平

《 上色 》

以不同顏色的羊毛，覆蓋住原本的基底。在上色前，我會先把羊毛撕拉重疊成硬幣狀後，鋪在欲上色的地方，使用細針先從周圍戳刺固定（戳針打斜），再將整片戳緊附著。整體鋪色完成後，要再經過細修，有毛色不均的地方可以重疊補毛，讓整體顏色飽和。

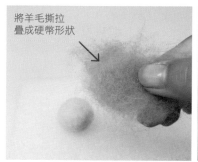

將羊毛撕拉疊成硬幣形狀

先從周圍固定

以細針修飾表面

《 整平表面 》

通常作品表面要平整，需要掌握入針深淺。在開始戳刺塑型時，依照戳刺時的手感，「表面硬的地方，入針要淺；表面鬆軟時，入針要加深」。當作品已經逐漸變硬後，從粗針替換成細針（打斜），慢慢精修表面。

《 修補技法 》

當作品出現凹痕或是接痕時，可以像上色的方法一樣，取欲覆蓋面積大小的羊毛量，撕拉重疊成為薄片狀，稍微戳刺後，再翻面附著戳刺在凹痕處（想像是貼 OK繃的概念）。

凹陷處的填補
取一小塊羊毛戳成薄片
貼補上去

動物羊毛氈的初學練習
《 兔子 》

形狀簡單的兔子是很適合用來練習的小動物，長得可愛又討喜，可以讓新手用來熟悉羊毛氈的基礎技法！

兔子屬於齧齒類動物，有肥肥的臉頰，在製作上需注意臉頰的貼片部分，可以保留一些蓬鬆程度，在接合上去時，也是固定周圍邊界、中間淺戳即可。另外，在實體課上常有學生將頭部基底做得太過鬆軟，導致眼珠放上去時，眼距太開，所以基底要盡可能地戳紮實一些喔！

材料 ℓ

羊毛

M 西班牙短纖維白色基底羊毛

M 黑色短纖維羊毛

M Corrie 系列 - 黑色長纖維羊毛

M 213 淺粉色羊毛

M 242 淺米色羊毛

M 245 駝色羊毛

H 202 紫紅色羊毛

其他

6mm 黑豆眼 1 對

（或是 6mm 咖啡水晶眼）

* M 表示可購自瑪琪羊毛氈，數字為該
　商店的販售編號

* H 表示為日本 Hamanaka 系列羊毛，
　數字為此品牌的通用編號

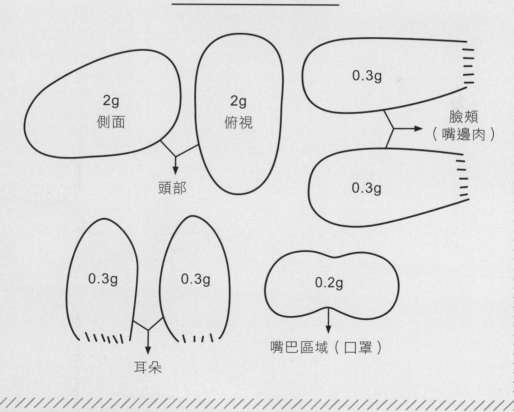

* 兔子頭部版型 *

2g
側面

2g
俯視

0.3g

臉頰
（嘴邊肉）

0.3g

頭部

0.3g

0.3g

0.2g

耳朵

嘴巴區域（口罩）

How To Make ⌒

01

2.2 cm

4 cm

使用白色基底羊毛，製作一個長度約 4cm、寬度約 2.2cm 的橢圓狀。

POINT 請戳成一頭比較寬，一頭比較窄，預備當嘴巴。

02

在橢圓狀側面的中央點用剪刀剪出約 0.5cm 深度的洞。

03

將 6mm 咖啡水晶眼沾保麗龍膠後，放入洞中。

POINT 用手指壓緊，確認眼珠有牢牢固定。

04

眼珠放置好的樣子。

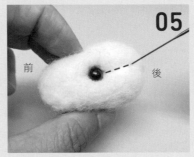

05

前　　　後

在眼珠到後腦勺間用戳針刻出一條明顯的凹線（兩眼都要）。

06

後　　上

下　　前

使用珠針固定在「頭頂靠後腦勺」區域，當作方向辨識點。

POINT 因為在過程中很容易忘記上下左右前後，做記號很管用喔！

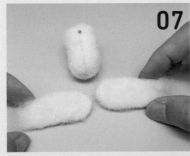

07

製作兩片厚度約 0.4cm 的嘴邊肉，末端留活毛。並用記號筆從頭頂至嘴部中間畫一條線。

08

準備將嘴邊肉貼合上臉頰。

POINT 注意這一片肉一定會覆蓋到眼睛下半部。

09

這裡鼓鼓的

這是從頭頂俯視嘴邊肉要接合上去的位置。

POINT 非活毛那端必須碰到步驟 7 畫的中線，固定周圍後，中間輕戳即可，這樣臉頰才有蓬蓬感。

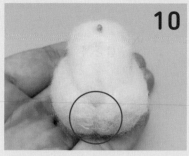

如圖，兩片嘴邊肉接好時會剛好牢牢靠在一起、沒有縫隙。

用戳針將剛剛覆蓋到眼珠的嘴邊肉往下推出弧度。

使用駝色羊毛製作兩片樹葉形耳朵，中間薄鋪淺粉色羊毛。耳朵末端要留活毛。

活毛

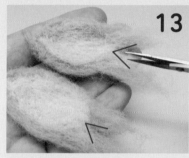

使用小剪刀將兩片耳朵末端的留活毛處剪開，呈燕尾狀。

使用珠針固定耳朵前後，用偏細的針，將燕尾狀活毛兩端分別接在頭頂、後腦勺。

兩邊耳朵接合好的樣子。

POINT 兩邊耳朵根部會靠在一起。

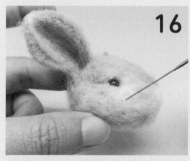

接著用駝色羊毛將頭部上色。

POINT 這邊建議使用細針打斜慢慢固定，使表面不毛躁。

使用淺米色羊毛，製作一片寬度約 4cm、花生形狀的薄片。

此薄片是要接在嘴巴正面，很像幫兔子戴上口罩。

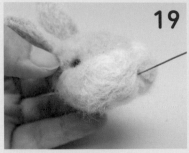

將花生形薄片戳刺上去。
POINT 注意都以固定周圍為主，中間部分輕戳。

使用微量淺米色羊毛揉成水滴狀，接在藍色記號處當成鼻子。
POINT 不要揉太大顆，鼻子越小巧越可愛。

鼻子放好的樣子。

在鼻子下方、人中、嘴部，使用紫紅色羊毛揉細戳上去，呈現垂直的「＞－＜」形狀。

在鼻孔（紫紅色 V 線）下方戳上少許白色羊毛。
POINT 想像兔子鼻孔是白色的，不用太厚。

眼睛上下都補上白色羊毛，這邊會呈杏仁形狀，寬度約0.4cm。
POINT 這邊要「戳平服貼」，太過立體兔子會很像戴白色眼鏡。

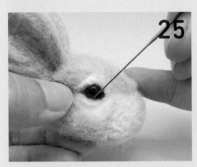

在眼珠周圍戳上揉細的黑色短纖維羊毛，當成眼線。

在上眼珠戳一束黑色長纖維羊毛，當成眼睫毛。

將眼睫毛剪短，以免變成太妖豔的兔子。

28

完成後，眼睛看起來的樣子。

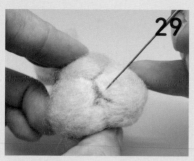

29

將人中兩側戳上微量白色羊毛
（同步驟 22 的概念）。

30

在嘴巴兩側（步驟 19 戳刺上去
的區域）薄鋪上一點駝色羊毛。
（想像上腮紅的感覺）

POINT 不用鋪到完全靠到人中處。

31

在嘴巴（紫紅色倒 V 線）下方補上白色羊毛。

32

後腦勺也要鋪上駝色羊毛。

33

兔子完成！

=PART=

2

骨架製作

整身動物最重要的
平衡基礎

DOG

狗狗的
姿態打底

無論是站姿、坐姿或趴姿,想要讓狗狗的形體看
起來自然逼真,關鍵就在於身體骨架。

要製作動物身體骨架,我會先準備好鐵絲與想要
製作的狗狗骨骼圖。首先在網路上找骨骼圖時,
可以輸入狗狗品種的英文名稱 +skeleton 去做搜
尋,會比較容易找到範例。找到適合圖片後將它
列印出來,然後如圖示所見,我會把動物的主要
骨骼標示出來。

接著取用適合的鐵絲,按照畫螢光筆的記號部分,
將鐵絲彎曲、折出骨骼形狀。通常身長 18-25cm
的狗我會使用 #20 鐵絲,18cm 以下會選擇使用
#22 鐵絲(數字為鐵絲粗細的編號,號碼越大表
示越細)。接下來便能按照下述流程,做出狗狗
的身體基底,再依照各種狗的特徵進行植毛等處
理,進而做出完整作品。

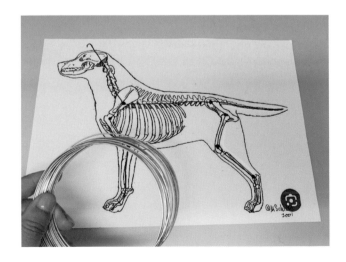

整身動物最重要的平衡基礎

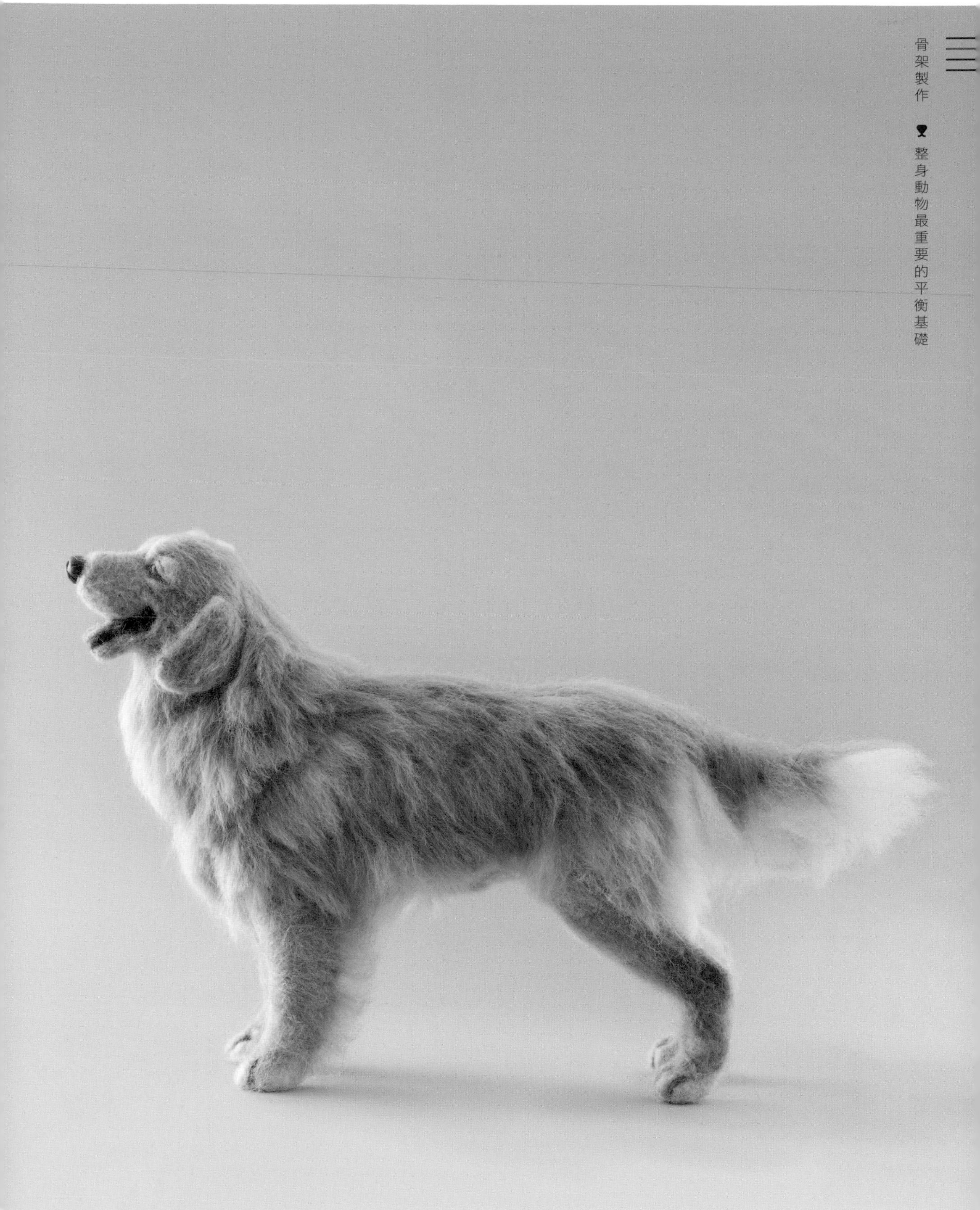

骨架的基本製作流程

接下來實際示範狗狗身體基底的製作流程，在後面篇章中
介紹的整身狗狗，也都是以此為基準製作喔！

材料 ✐

鐵絲
毛根
西班牙短纖維白色基底羊毛

How To Make ✐

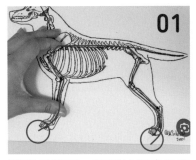

順著骨骼圖，將鐵絲折出骨骼
形狀。注意前後腳要多預留約
1cm 的長度，如圖中圈起處，
稍微超出一點。

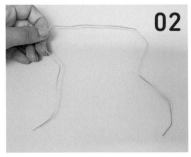

這是單側折好的鐵絲。

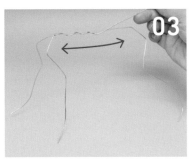

另一側折出相同的形狀，但是
在脊椎的部分需要重疊纏繞。

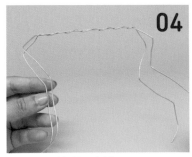

這是兩側折好的樣子。

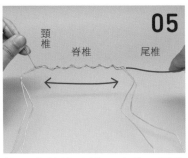

接下來纏繞頸椎－脊椎－尾椎
的部分。同樣在脊椎的部分需
要重疊纏繞。

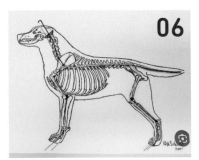

將折好的鐵絲擺在骨骼圖上，
再做一次確認。

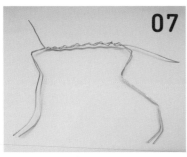
07

基本骨架完成。

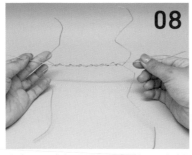
08

先把四肢打開，方便接下來纏繞毛根。

09

將四肢都繞上毛根。

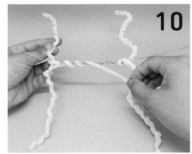
10

脊椎到尾巴部分也要纏繞毛根，頸椎可以先不用。

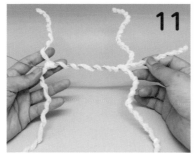
11

這是纏繞好的樣子。

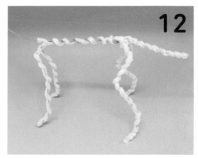
12

接著調整到基本姿勢，確認四足站立都沒問題後即可開始裹上羊毛。

13

使用白色基底羊毛做纏繞。第一次需要繞緊，通常需要纏 2-3 層羊毛。

14

足部末端可以視狗狗的腳掌顏色去使用其他顏色的羊毛纏繞，像穿襪子般。

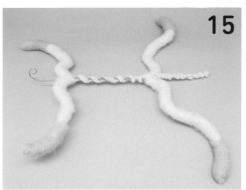
15

這是四肢纏繞好的樣子。

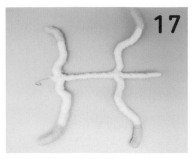
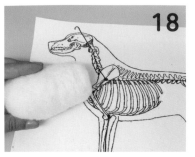

脊椎至尾巴也裹上羊毛。

整體裹好羊毛的樣子。

使用白色基底羊毛製作一個身體夾心，大小接近胸腔。

將身體夾心中間剪開至一定深度，如大亨堡一樣。

接著把身體夾上脊椎中間。

夾好後，注意身體左右側是否對稱。

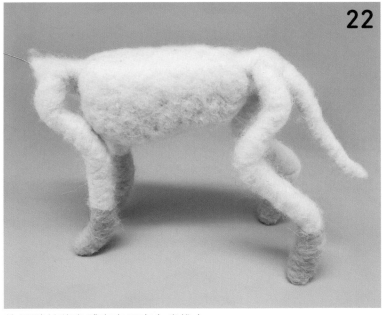

使用戳針將身體牢牢固定在脊椎上，
狗狗的身體基本結構就完成了！

3

植毛技巧

做出狗狗蓬鬆毛感的
關鍵技法

DOG

順應毛流方向的
植毛順序

接下來說明在製作身體不同部位時的
植毛順序與毛流方向通則。

《 頭部（正面）》

先將整張臉大致區分為上半部以及下半部。上半部又可以分
為左、右、中央區域。毛流分別如圖示。植毛順序通常是**由
後往前**，除非是毛很爆的類型，例如博美或鬆獅，植毛順序
才會由前往後，製造出毛髮向前衝的效果。

* 紅色箭頭為「順序」方向；藍色箭頭為「毛流」方向。

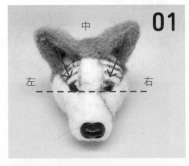

從頭部兩側開始植毛，順序為
由後往前。

毛流為各自朝斜左外以及右外
方向。

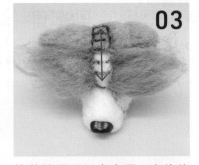

接著植頭頂正中央區，由後往
前或由前往後植毛要視動物種
類的毛髮質地。頭頂毛髮服貼
的動物如黃金獵犬，建議由後
往前植毛；博美狗這種毛髮蓬
鬆的狗就建議由前往後植毛。

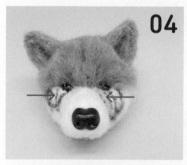

04

然後開始植顴骨區。顴骨區使用的毛量建議比頭頂區域少一半，由外側往內植毛。

05

顴骨區的毛流方向為水平橫向（或微微斜上）朝外。

06

最後進行下巴區植毛。大部分短毛動物都是由後方（或下方）往嘴部方向植毛，但若是像博美或鬆獅犬這種毛絨絨的狗，則建議由前往後的順序。毛流擺放方向皆為放射狀。

《 後腦勺 》

後腦勺的植毛順序大多**由上往下**，放射狀（或環狀）植毛。
這裡要注意有沒有跟臉部正面的毛銜接好。

由頭頂上方開始植毛，順序為
由上往下。

毛流擺放方向為放射狀。

檢查是否有與正臉銜接，不能
有縫隙。

《 軀幹 》

軀幹的植毛順序大原則是：**由下往上、由後往前**，
毛流方向請看示意圖。

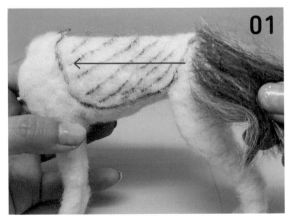

植毛順序為由後腿往前腿。

毛流擺放方向為朝斜後方。

《 四肢 》

四肢基本上都是**由下往上**植毛，須注意每一層毛量都要控制少一點，否則修短後很容易看到漏洞。（想像頭髮濃密的人，若剛好頭頂有一個小地方沒有長出毛髮，那麼理平頭之後反而會很明顯地被看到。）

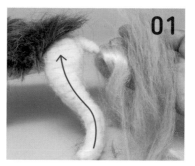

植毛順序為由下往上。

毛流方向會順著腿的骨骼方向朝下。

植到跟軀幹剛好銜接為止。

《 尾巴 》

狗狗尾巴的植毛，通常會採用「**正反面橫貼法**」。這種植毛法會用在尾巴毛流朝下飄，或是尾巴骨頭會整個捲起來的動物，例如：黃金獵犬（朝下飄）、博美和柴犬（尾巴骨頭捲起來）。作法為把羊毛攤開，先從背（底）面橫向擺放，由下往上固定中央點在尾骨上，接著翻到正面用同樣方式，然後想像尾骨被兩片毛水平夾住，再將毛片一起往下翻固定住。這裡要特別注意的是因為尾巴最接近鐵絲，不好植也容易斷針，所以入針時請打斜進去。

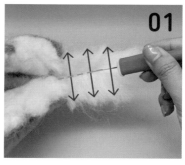

先從背面開始，將毛束朝紅色箭頭方向擺放，並排滿整條尾巴，接著戳刺藍色虛線處固定毛束。

接著翻到正面，以同樣方式擺放羊毛並戳刺固定（通常正面會換不同毛色）。

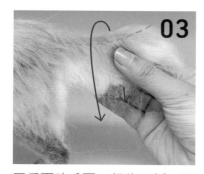

正反兩片毛再一起往下折，再次輕戳固定藍色虛線部位。

實作篇

從簡單到挑戰的
擬真狗狗全技法

DOG

戳出各具特色的
毛小孩

在這個章節總共挑選出八隻常見且受歡迎的狗狗來做教學，內容
囊括大型、中型以及小型犬。同時也希望能夠讓大家學習到不同
技法，因此選出的狗狗都各有其特徵，例如法鬥犬須強調臉部的
皺褶、黃金獵犬要利用植毛表現出飄逸柔順的毛髮等等。

總共會示範三種狗狗的全身骨架製作，包含黃金獵犬、柯基、約
克夏，並附上身體版型。其他五隻狗狗則是示範頭部製作，包含
法鬥、瑪爾濟斯、柴犬、哈士奇、博美，並附有頭部版型。內容
會按照難易度排序，建議新手們可以從最簡單的開始熟練技巧，
會更有成就感喔！

希望大家好好享受製作過程。

Let's Start
!!

《 狗狗頭部的製作重點 》

首先我們看狗狗的正面圖像。製作前先觀察鼻子的落點位在臉部的哪個位置，進而研究鼻子與雙眼連線後形成的「倒三角點」形狀（圖示紅色區域）。有些狗狗一笑起來，「倒三角點」就會變成很扁的倒三角形，例如博美、法鬥。另外，作品如果缺少憨厚可愛感，通常問題出在鼻樑高度不夠寬、不夠高，這種時候我會補強如圖示藍色區域的位置，也就是取羊毛將之墊高。

再來我們從狗狗側面觀察臉部，可以看到眼睛位置會與鼻樑和頭頂的銜接處（圖示紅色水平線）等高，這點相當重要！不少同學放置眼珠時經常放得過高（靠近頭頂），比例就會跑掉。所以一定要提醒自己，眼珠落點就是剛好卡在鼻樑的兩側。除此之外，狗狗的下嘴皮在擺放時，會比上嘴管後退一點點。

第三點是判斷狗狗的頭部輪廓，參考俯視圖相當重要。製作過程中，我會從俯角去檢查作品的曲線（圖示紅線）是否正確。當我們換個角度檢視時，很容易就會發現左右不對稱、過瘦或過胖以及嘴管長度夠不夠的問題。

no.1

法國鬥牛犬
French Bulldog

法國鬥牛犬最強調的就是寬寬大大的下嘴皮，
還有垂垂的兩片上嘴皮。這裡要留意避免將下
嘴皮戳到往後縮，也要注意戳刺過程不要一下子做太硬導致難以修飾肌肉
紋理。另外須將整個嘴部往上推擠固定，讓鼻子高度貼近兩眼。

材料 ❦

好書出版・精銳盡出

台灣廣廈國際出版集團 Taiwan Mansion International Group

BOOK GUIDE

2024 生活情報・春季號 02

知・識・力・量・大

台灣廣廈　♥瑞麗美人　蘋果屋 APPLE HOUSE

紙印良品　美藝學苑

＊書籍定價以書本封底條碼為準

地址：中和區中山路2段359巷7號2樓
電話：02-2225-5777*310；105
傳真：02-2225-8052
E-mail：TaiwanMansion@booknews.com.tw
總代理：知遠文化事業有限公司
郵政劃撥：18788328
戶名：台灣廣廈有聲圖書有限公司

瘋美食・玩廚房・品滋味・樂生活 尋找專屬自己的味覺所在

流行事・夯話題・追時尚・探心理 打造理想中的魅力自我

自癒力・享健康・不老化・遠疾病 天天打造驚人的自癒奇蹟

樂育兒・好教養・綠手指・養寵物 日常生活中的幸福時光

知識力・輕科普・玩耍力・快收納 創造屬於自己的美好生活

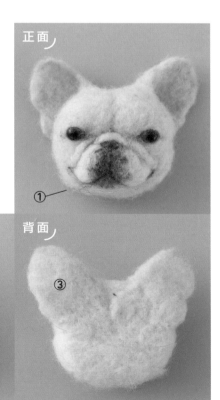

正面
①

背面
③

②

✻ 法國鬥牛犬頭部版型 ✻

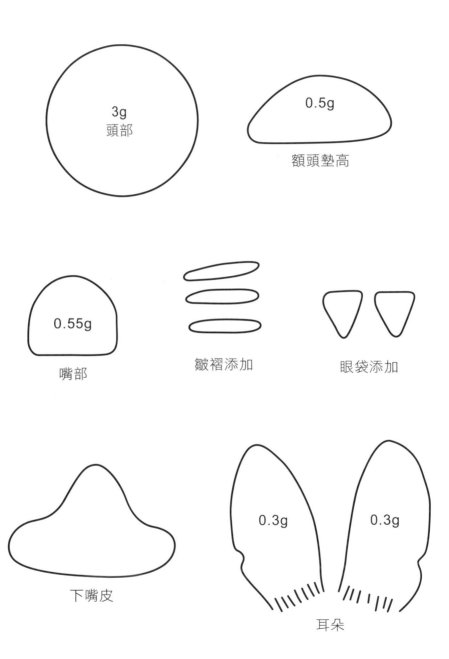

3g
頭部

0.5g

額頭墊高

0.55g

嘴部

皺褶添加

眼袋添加

下嘴皮

0.3g

0.3g

耳朵

How To Make ✍

頭部基底 **01**

首先使用白色基底羊毛,製作一個帶有彈性、直徑約 4cm 的圓球。
POINT 作品整體都需帶點彈性。

02

再製作一片半圓形,覆蓋在圓球基底的頭頂(黑色範圍處),讓額頭增厚。

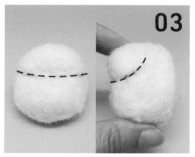

03

覆蓋好的正面及側面。此時額頭處略突出。

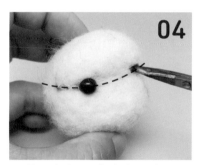

04

用剪刀在額頭填補交界處剪兩個洞,並用保麗龍膠黏上 6mm 黑豆眼。

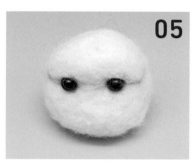

05

黏好眼珠的樣子,可以用手將眼珠推開一些。

嘴巴·鼻子 **06**

製作一個立體御飯糰形狀(厚度約 1cm)的嘴巴,接合在臉上(黑色範圍處)。

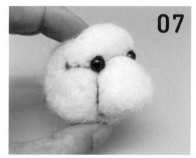

07

接合完成的樣子。
POINT 先戳刺周圍固定即可,不要把嘴巴中間戳得太紮實,以致扁掉喔!

08

使用小剪刀沿著畫好的黑色範圍剪開。

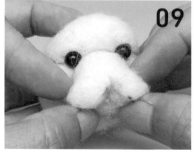

09

再將兩側嘴肉稍微分開。

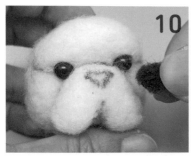

10

使用混合深咖啡色與黑色的羊毛，製作一個倒三角形鼻子。

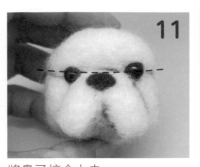

11

將鼻子接合上去。
POINT 注意兩眼的高度與鼻子高度會非常相近。

強化皺褶　**12**

用白色羊毛，搓揉出三條皺褶肉（擺放位置如圖示）。

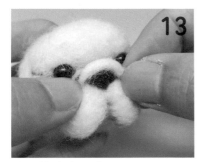

13

第一條在鼻子上面。

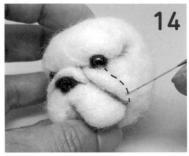

14

另外兩條分別戳到嘴部左右邊側面。

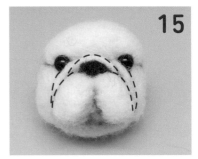

15

固定好皺褶肉的樣子。

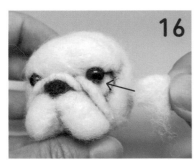

16

在眼睛下方補上眼袋，會遮到一點下半眼珠。

下嘴皮　**17**

製作下嘴皮肉，並接合上去。注意咬合不要後縮喔！

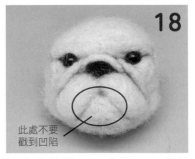

18

此處不要戳到凹陷

接合後的樣子。嘴部兩片肉與下嘴皮摸起來是同一平面。

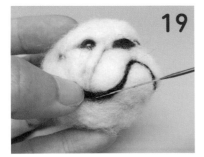

19

使用黑色羊毛，搓揉成細線之後塞入剛才下嘴皮的交接處。

20

嘴線放上去的樣子。
POINT 線的尾端往外、往上揚，會更像法鬥的表情。

細節處理　**21**

在鼻子下方戳上深灰色羊毛（記號範圍處）。

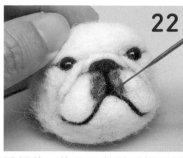

戳好後,使用黑色羊毛揉細戳出人中線。

接著用細字奇異筆在皺褶之間著色,加深陰影感。

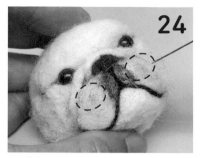

在嘴部往外的地方鋪少許淺灰色羊毛,增加漸層感。

使用腮紅上色,讓嘴部的肉帶點粉紅色。

用奇異筆輕輕點畫上鬍鬚,再用戳針稍微戳刺。

耳朵

使用白色羊毛製作片狀耳朵,中間用腮紅稍微上色,外圍以駝色羊毛框出邊緣。

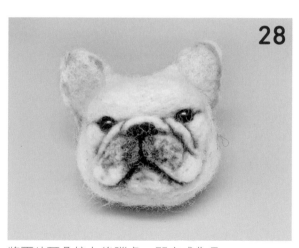

將兩片耳朵接在後腦處,即完成作品。

no.2

瑪爾濟斯
Maltese

瑪爾濟斯算是練習植毛的入門犬種，要
特別注意的部分是眼睛上方的眉毛，植
毛方向要慢慢放射狀旋轉，量可多一些。
此外，臉部外圍含下巴的毛可以多植幾
層，這樣放上舌頭時才不會顯得下顎後
縮；嘴巴的黑線嘴角處可以微微上揚，
製造出微笑感。

製作重點

① 臉部外圍的毛量豐厚
② 眉毛植入時呈放射狀
旋轉，毛量要多一點
③ 耳朵要固定在頭頂中
心略往外的位置

正面 ①

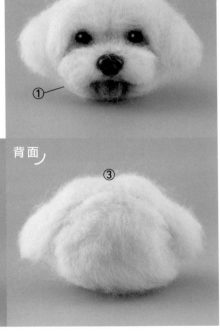

側面 ②

背面 ③

材料 ✐

羊毛

M 西班牙短纖維白色基底羊毛

M 黑色短纖維羊毛

M 213 肉粉色羊毛

H 202 紫紅色羊毛

H 440-003-303 白色長纖維羊毛

* M 表示可購自瑪琪羊毛氈，數字為
  該商店的販售編號
* H 表示為日本 Hamanaka 系列羊
  毛，數字為此品牌的通用編號

其他

6mm 黑豆眼 1 對

10mm 擬真黑色狗鼻 1 個

* 瑪爾濟斯頭部版型 *

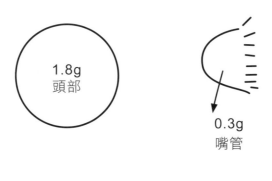

1.8g
頭部

0.3g
嘴管

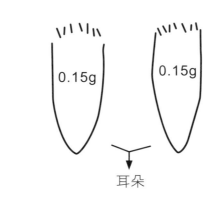

0.15g

0.15g

耳朵

0.25g

嘴部

舌頭

頭部基底 01

首先使用白色基底羊毛，製作一個直徑約 2.7cm、紮實偏硬的圓球。

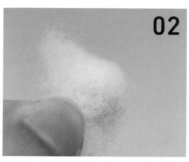

02

製作一個像是小山丘、末端留活毛的碗狀。

03

將這個碗狀活毛處拉開，並接合在球體上。

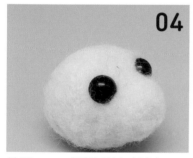

04

放置 6mm 黑豆眼於球體上。
POINT 黑豆眼放在碗狀上方，眼距約 1.2-1.3cm。

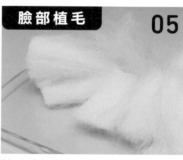

臉部植毛 05

將白色長纖維羊毛剪成每一段 3cm 長，準備植毛。

06

在左右眼睛上方，用水消筆畫出預備植毛的範圍。

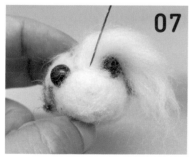

07

開始從眼頭處植毛（左右眼都以相同方式進行）。
POINT 入針的地方貼近眼珠上緣，植完後很像長出長眉毛的感覺。

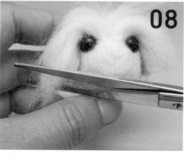

08

兩邊都植好後，用剪刀修剪至想要的長度。

09

兩邊修剪後的樣子。

耳朵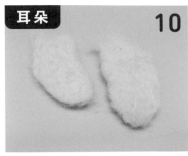

10

使用肉粉色羊毛，製作兩片薄片耳朵。

11

由下往上

使用白色長纖維羊毛，在耳朵根部植 3-5 層至想要的長度。

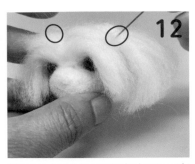

12

將耳朵根部分別固定在頭頂中心略往外處（緊鄰眉毛區）。

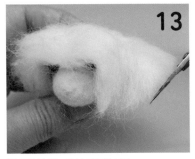

13

將耳朵的毛修剪整齊。

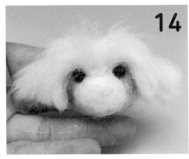

14

兩邊耳朵固定好的樣子。

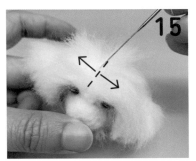

15

再取羊毛對半折，從頭部中央戳刺固定。視狀況補 2-3 次。

POINT 製造出頭頂豐盈的毛量。

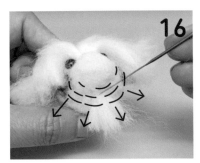

16

接著以環狀植臉外周圍的毛。

POINT 每一次毛量可以多一些，由外往中心（靠碗狀處）植毛。

17

臉外周圍植好後的樣子。

POINT 這邊植完摸起來是要有厚度的喔！

18

修剪成圓形。

鼻子・嘴巴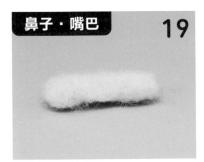

19

製作一個長度約 3.5cm、直徑 1cm、略帶彈性的圓棒狀。

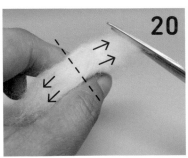

20

由圓棒的中點分別往左右方向植毛，做出嘴巴的鬍子毛感，植好後外側稍微修剪整齊。

21

在正中央剪一個足以放 10mm 狗鼻的洞，接著將狗鼻背面沾上保麗龍膠塞入洞中。

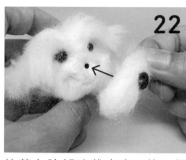

接著在臉部碗狀中央，剪一個
小洞並塗保麗龍膠。

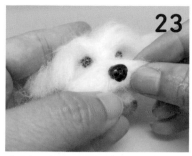

將鬍子背面穿出的狗鼻根部，
塞入剪好的洞中組裝起來。

組裝好後的樣子。

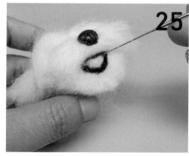

接著在鬍子下方與下巴毛的交
界處，將黑色羊毛揉成細線，
戳成一個「D」字型的嘴巴。

另外用紫紅色羊毛戳出舌頭，再
將舌頭戳入黑色 D 的範圍內。

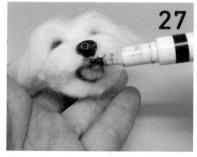

使用奇異筆將狗鼻下面的些微
毛髮塗黑。

POINT 通常很多長毛狗狗此區會
有黑黑的顏色，很像卓別林。

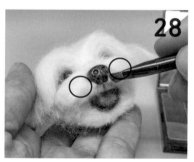

鬍子使用眉粉塗少許咖啡色。

POINT 可以先試淺的顏色，再慢
慢加深，讓鬍子的顏色更有層次。

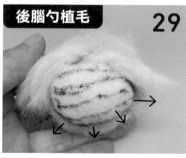

後腦勺植毛

接下來翻到後腦勺區域，準備
做環狀（放射狀）植毛。

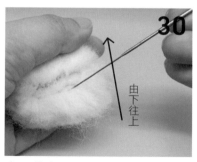

由下往上

由下往上一層層植毛。

POINT 這裡的毛攤開來、薄薄地
植上去，避免像博美狗一樣多毛。

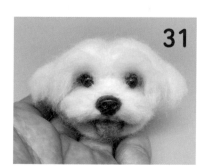

瑪爾濟斯完成！

no.3

柴犬 Shiba Inu

柴犬植毛的版本並不容易製作，因為大家往往不敢將頭頂以及下巴的毛修至服貼，所以無法呈現出應有的輪廓（哈士奇亦同）。柴犬頭頂中間通常會有一條凹縫，做出這個特徵會顯得更逼真。此外，擺放眼珠的位置是剛好卡在嘴管與頭部的接合處（同學們經常會將眼珠水平位置放太高了），這點也必須留意！

材料

羊毛

M 西班牙短纖維白色基底羊毛

M 黑色短纖維羊毛

M 245 駝色羊毛

M 257 深灰色羊毛

M 272 粉紫色羊毛

H 202 紫紅色羊毛

H 554 植毛系列 - 深棕色羊毛

H 808 Natural Blend 系列 - 柴犬色羊毛

H 440-003-303 白色長纖維羊毛

* M 表示可購自瑪琪羊毛氈，數字為該商店的販售編號

* H 表示為日本 Hamanaka 系列羊毛，數字為此品牌的通用編號

其他

6mm 黑豆眼 1 對

10mm 擬真黑色狗鼻 1 個

製作重點

① 頭頂中間有一條凹縫

② 眼睛的位置會剛好在嘴管與頭的接合高度

③ 確實戳出微笑時的臉部肌肉，感覺才會逼真

④ 柴犬的耳朵形狀明顯，而且會完整露出

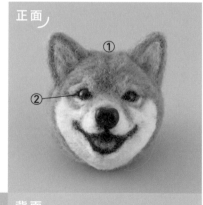
正面

側面

背面

* 柴犬頭部版型 *

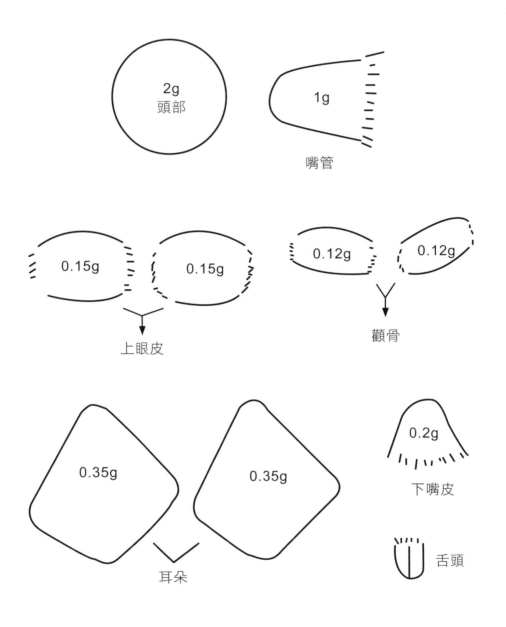

2g
頭部

1g

嘴管

0.15g   0.15g

上眼皮

0.12g   0.12g

顴骨

0.35g   0.35g

耳朵

0.2g

下嘴皮

舌頭

頭部基底 **01**

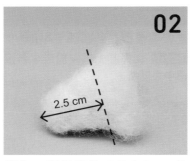

3 cm

首先使用白色基底羊毛，製作一個直徑約 3cm 的圓球體。

02

2.5 cm

製作一個長度約 2.5-2.8cm 的圓錐狀嘴管。

03

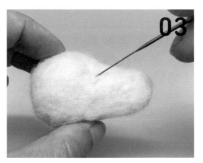

將嘴管接合在球體上。

04

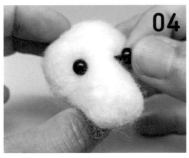

在嘴管上方剪出兩個洞，再用保麗龍膠將 6mm 黑豆眼塞入黏住，眼距約 1.5cm。

眼部 **05**

製作兩片橢圓形片狀的上眼皮，補在從眼睛上方到頭頂的範圍內。

POINT 可以先用水消筆畫出預計填補的範圍（如上圖）。

06

單側補好的樣子。

POINT 注意這邊補好後會自然覆蓋住眼珠。

07

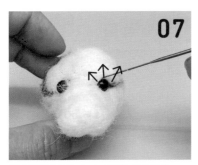

使用戳針推出上眼瞼的弧形。

08

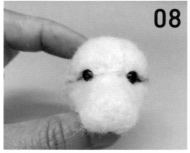

另一側補好上眼皮，再推出上眼瞼、露出眼珠的樣子。

09

放上 10mm 黑色狗鼻。

34

開始初步修剪,先把外圍輪廓的頭型剪出來(有點像梯形)。

POINT 這邊重點是要剪到耳朵能夠明顯露出。

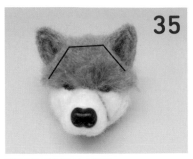

35

頭頂區剪好的樣子。

36

使用戳針將頭頂中間戳出一條凹線。

37

再使用眉粉的咖啡色在凹線處上色,讓它更明顯。

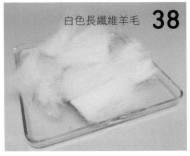

白色長纖維羊毛 **38**

使用白色長纖維羊毛,裁剪成各 3cm 長度數段備用。

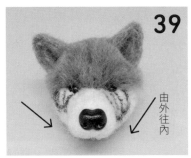

39

由外往內

接著準備植顴骨區域,範圍如圖示。由外側往嘴管處植毛。

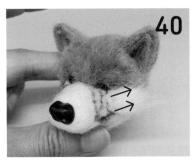

40

毛流方向為橫向稍微朝上,毛量不要太厚。

41

兩側植好的樣子。

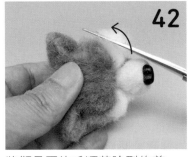

42

將顴骨區的毛順著臉型修剪。

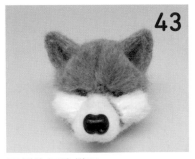

43

兩側修短的樣子。

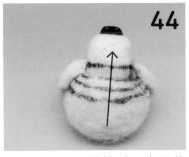

44

接著進行下巴區植毛,由下往上植。

45

採環狀(放射狀)植毛。

下巴區植好的樣子。

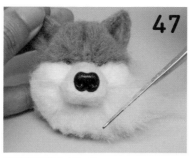

修剪下巴區的毛。

POINT 先剪出外圍輪廓，再將剪刀貼著毛修短。

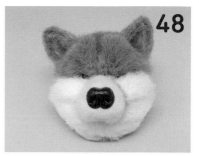

修剪好的樣子。

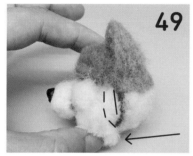

接著準備植側面的最外側，使用頭頂區植毛的顏色（柴犬色混合深棕色）。

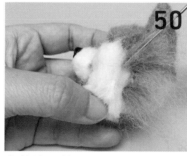

由外往內植毛，毛流是往橫向外翻，最後會跟顴骨區的白色羊毛貼合。

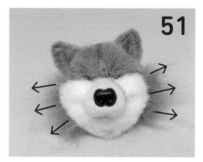

兩邊都植好的樣子。

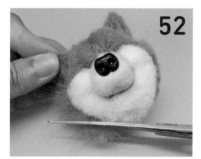

接著將毛以環狀修短。

剪好的樣子，正面外側毛只會比顴骨區的白毛多露出約 0.3-0.5cm。

強化眼神

使用戳針將左右眼珠上的毛推出一個弧度。

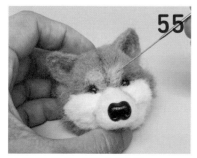

使用駝色羊毛放在眉頭。

眼珠外上側也加上一小長條，類似雙眼皮。

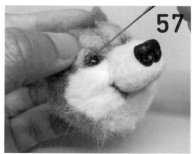

使用深灰色羊毛戳在眼珠邊緣當成眼線。

58

到此為止整體看起來的樣子。

59

嘴管上方戳上柴犬色羊毛。

60

兩側眼珠下方也戳上一點柴犬色羊毛。

嘴部

61

用白色羊毛先戳一片下嘴皮。

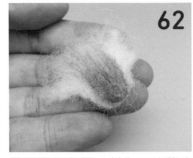

62

使用紫紅色羊毛製作一片薄片狀舌頭，並固定在下嘴皮上。

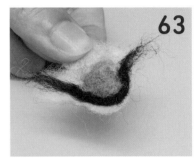

63

使用黑色羊毛揉成細線，並圍繞在下嘴皮上緣。

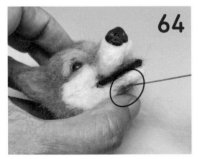

64

將下嘴皮接合在嘴管根部。
POINT 這邊一定要戳牢喔！

65

將嘴管下緣戳上黑色細線。
POINT 這裡的目的是要製作出柴犬的笑容。

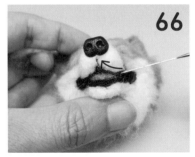

66

嘴管的兩側都要戳細線。連接到嘴管的中間，也要戳上細細的人中線。

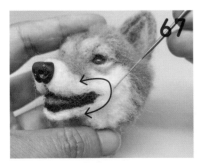

67

嘴角繞上一條細細的 U 形白色羊毛（連接嘴管與下嘴皮）。
POINT 狗笑時會牽動這塊皮膚。

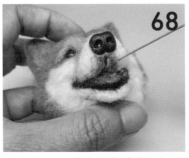

68

人中的周圍戳上深灰色羊毛。

後腦勺植毛

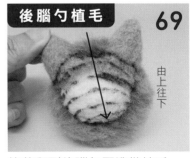

69

由上往下

接著翻到後腦勺區準備植毛。

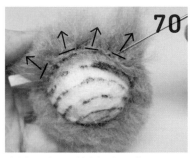

這邊是採環狀植毛，由頭頂區（從上往下）一層層植滿。

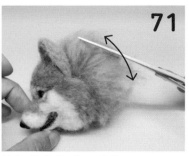

植好後修剪成圓球狀。

後腦勺修剪好的樣子。

也可以戳上兩顆小虎牙喔！

柴犬完成！

no.4

博美犬
Pomeranian

博美犬基本上是整個毛髮非常蓬鬆的寵物，在修毛的時候
不用剪過多，耳朵也不會露出太多。特色是嘴部小巧偏細
（根據實體課經驗，大家容易做太胖）。而較難處理的是
笑容部分，牠們的笑容會是一個開口不大但是寬扁的三角
形，嘴管可以微微地往上翹，下嘴皮也小小的。

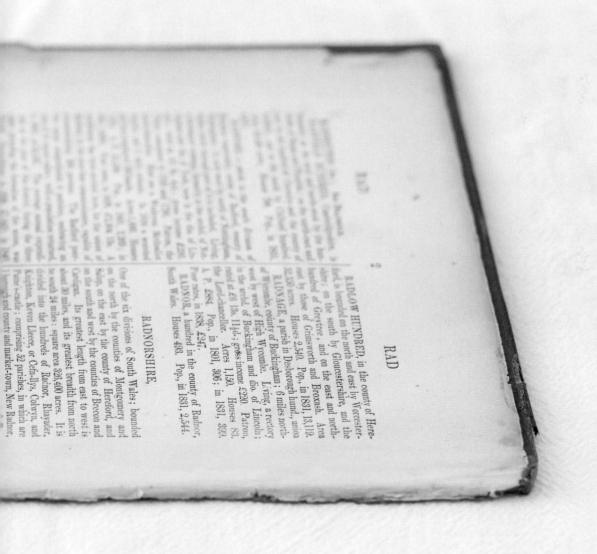

正面

② ①

側面

③

背面

④

製作重點 ℓ

① 嘴巴的開口不要太大，呈扁三角形
② 耳朵幾乎會被毛髮遮住，只露出一點
③ 側面整體保持圓弧狀及蓬鬆的毛感
④ 背面看起來會成一個圓潤的三角形

材料 ℓ

羊毛

M 西班牙短纖維白色基底羊毛

M 黑色短纖維羊毛

M 242 淺米色羊毛

M 245 駝色羊毛

M 256 淺灰色羊毛

M 257 深灰色羊毛

M 淺茶色羊駝毛

H 202 紫紅色羊毛

H 551 植毛系列 - 白色羊毛

H 554 植毛系列 - 深棕色羊毛

H 808 Natural Blend 系列 - 柴犬色羊毛

其他

6mm 黑豆眼 1 對

8mm 擬真黑色狗鼻 1 個

* M 表示可購自瑪琪羊毛氈，數字為該商店的販售編號

* H 表示為日本 Hamanaka 系列羊毛，數字為此品牌的通用編號

* 博美犬頭部版型 *

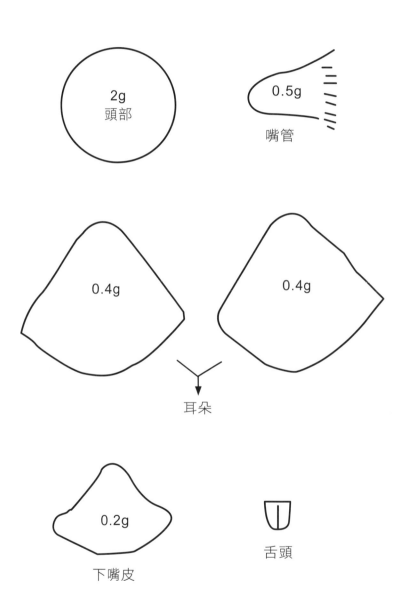

2g
頭部

0.5g

嘴管

0.4g

0.4g

耳朵

0.2g

下嘴皮

舌頭

How To Make 𝓮

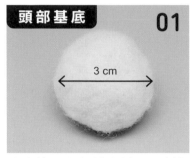

頭部基底 **01**

3 cm

首先使用白色基底羊毛，製作一個直徑約 3cm 的圓球。

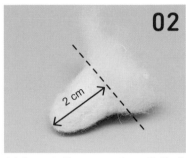

02

2 cm

製作長度約 2cm 的圓錐狀嘴管，末端要留活毛。

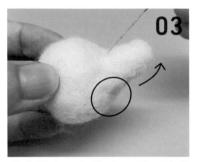

03

將嘴管與頭部接合，並且戳嘴管的底部接合處，使嘴管微微翹起。

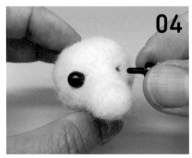

04

在眼睛位置剪兩個洞，將 6mm 黑豆眼末端沾保麗龍膠，插入洞中。

05

接著在嘴管正中偏上方處剪一個小洞，插入沾有保麗龍膠的 8mm 黑色狗鼻。

POINT 兩眼與狗鼻會呈現一個寬扁的倒三角形。

耳朵 **06**

使用柴犬色羊毛，製作兩片三角形耳朵。

07

使用淺米色羊毛在耳朵邊緣戳出細框線，加強立體感。

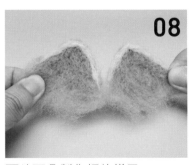

08

兩片耳朵製作好的樣子。

09

接著將耳朵接上頭頂處。

嘴部 **10**

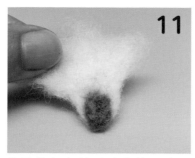

用白色羊毛先戳一片下嘴皮。

11

使用紫紅色羊毛戳出薄片狀舌頭，並戳刺固定在下嘴皮。

12

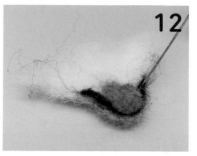

使用黑色羊毛揉成細線，並戳刺在下嘴皮邊緣。

13

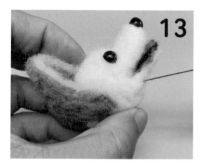

將已戳上舌頭的整片下嘴皮，固定在嘴管下方。

14

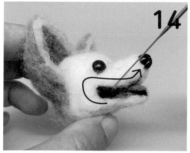

接著將剛剛的黑線延伸戳在嘴管末端，往鼻子方向戳。

POINT 延伸的黑線會讓博美的嘴形看起來有笑容。

15

正面看起來的樣子。

臉部植毛 **16**

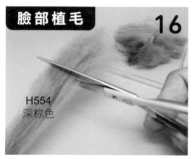

H554
深棕色

準備開始植毛，將深棕色長纖維羊毛裁剪成 3.5-4cm 數段。

17

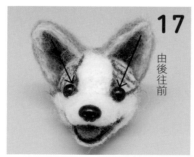

由後往前

將眼睛頭尾連接耳朵的方向，用水消筆畫上植毛區域。

18

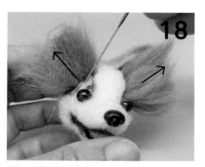

從耳朵處往眼珠方向一層層植毛，毛流為斜外上方。

19

兩側植好的樣子。

20

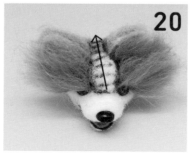

接下來植頭頂中央區域，由兩眼中間往後腦勺方向植。

21

對折固定

羊毛從中段固定後，對折再戳刺固定一次。

22 前額有圓弧感

植好之後修剪成圓弧形。

23

這是剪好後的樣子。
POINT 修剪後的長度，大概是耳朵微微露出的程度。

24 淺茶色羊駝毛

白色長纖維羊毛

接著使用淺茶色羊駝毛與白色長纖維羊毛，以1：1混合。
POINT 混合兩色讓毛色更為柔和。

25

剪成3.5-4cm長度數段備用。

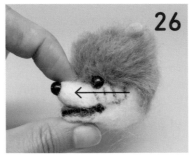

26

接著準備植顴骨區域（左右側都要，如圖示的側臉區）。

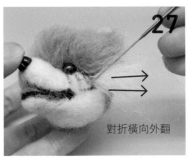

27 對折橫向外翻

由外側向嘴管方向一層層橫向植毛，這邊使用的毛量會少一點。

28

一邊植好後的樣子。
POINT 注意羊毛會碰到眼珠甚至植進去喔！

29

兩邊顴骨區植毛後並修剪好的樣子。

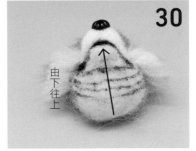

30 由下往上

接著準備植下巴區域（如圖示範圍）。

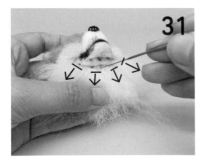

31

這邊為由下往上一層層環狀植毛，毛量可以多一點。

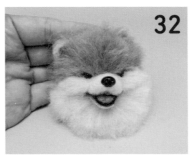

32

植好後初步修剪成圓弧形。

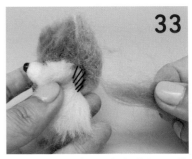

33

在顴骨外圍處再補上些許深棕色長纖維羊毛，兩側都要補。

34

露出 0.5cm

修剪長度，讓補上的羊毛約比顴骨區白色羊毛多露出 0.5cm。

`POINT` 藉此可以增加顏色層次。

細節處理　　**35**

使用柴犬色羊毛，在嘴管上鋪上些許顏色。

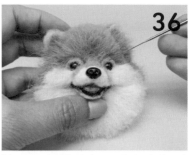

36

使用駝色羊毛在眼睛上方輕戳出一條細細的上眼皮，包覆成半弧形。

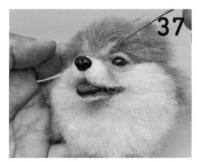

37

接著也是使用駝色羊毛戳出眉頭兩條。

38

使用淺灰色羊毛戳出下眼線。

`POINT` 眼神看起來會更無辜。

39

眉頭中間可以使用眉粉的咖啡色打上陰影。

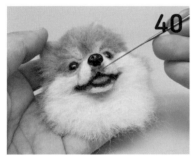

40

使用深灰色羊毛，戳在鼻子下方人中兩側。

`POINT` 狗狗嘴巴中間常有一點灰灰的，這樣會更擬真。

41

使用細字奇異筆，將眉頭跟上眼皮之間塗上一點陰影。

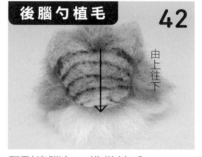

後腦勺植毛　　**42**

由上往下

翻到後腦勺，準備植毛。

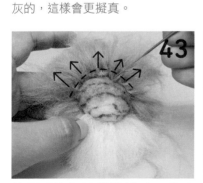

43

使用深棕色長纖維羊毛，從頭部上方往下一層層環狀植毛。

44

再將後腦勺的毛髮修順。

45

博美犬完成！

no.5

哈士奇 *Husky*

哈士奇的臉周需要植毛,植毛方式同柴犬,只是哈士奇的嘴管會再長一些(接近狼)、臉型也比較長。從基因上來說,牠們有部分是特定毛色搭配藍色眼珠。製作時需注意,頭頂與下巴的毛要修得比想像中還短,而且頭頂會有點像梯形(富士山形狀),在修剪毛髮時要特別強調出此形狀,才不會做完像博美狗頭型喔!

材料 ℓ

羊 毛

M 西班牙短纖維白色基底羊毛

M 黑色短纖維羊毛

M 257 深灰色羊毛

M 3101 Corrie 系列 - 棕灰色長纖維羊毛

H 551 植毛系列 - 白色羊毛

H 556 植毛系列 - 黑色羊毛

其 他

6mm 藍色玻璃眼珠 1 對

10mm 山形黑色狗鼻 1 個

* M 表示可購自瑪琪羊毛氈,數字為該商店的販售編號
* H 表示為日本 Hamanaka 系列羊毛,數字為此品牌的通用編號

製作重點 ℓ

① 哈士奇有著大大的
　白色眉頭

② 哈士奇的嘴管較長,
　接近狼的樣子

③ 頭型呈頭頂較窄的
　微微梯形,不是圓形

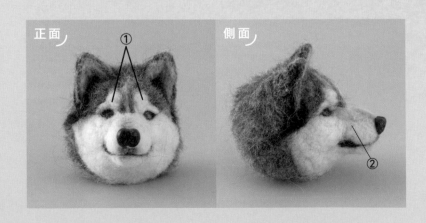

正面　①　　側面　②

背面

③

✱ 哈士奇頭部版型 ✱

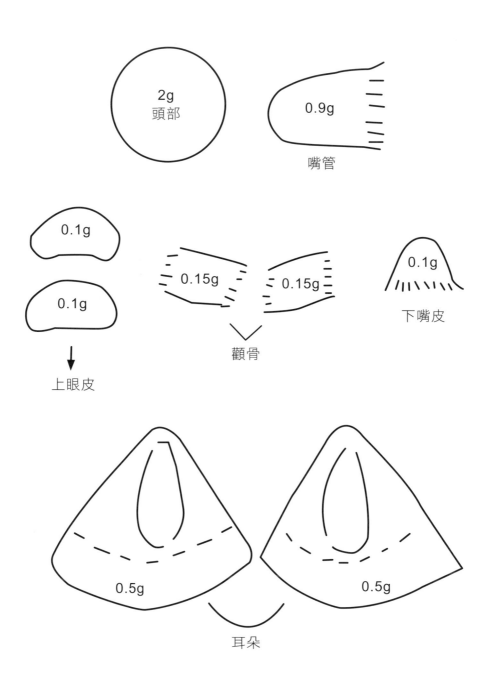

2g
頭部

0.9g

嘴管

0.1g

0.1g

↓

上眼皮

0.15g   0.15g

顴骨

0.1g

下嘴皮

0.5g   0.5g

耳朵

How To Make ๛

頭部基底 01	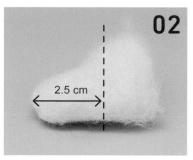 02

首先使用白色基底羊毛，製作一顆約直徑 3cm 的圓球。

製作圓錐狀嘴管，需留活毛。

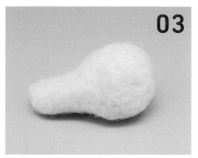

將頭部與嘴管接合。

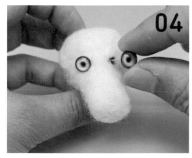
用剪刀在眼睛位置剪出兩個小洞，插入沾有保麗龍膠的 6mm 藍色玻璃眼珠。

在嘴管前方正中央也剪一個小洞，然後插入沾有保麗龍膠的 10mm 山形狗鼻。

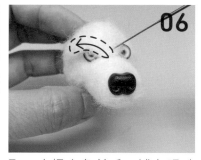
取一小撮白色羊毛，補在眼珠上方位置，當成上眼皮。

兩邊上眼皮添加好的樣子。

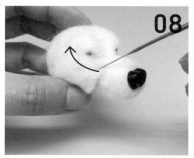
將白色羊毛戳成兩小薄片，放到兩邊顴骨位置（遮蓋住眼珠下半部）。

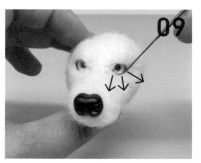
兩邊顴骨添加好後，用戳針輕推出眼珠下半部的圓弧形。

耳朵

10

M257 深灰色

使用深灰色羊毛製作兩片薄片狀耳朵。

11

在耳朵背面上半部覆蓋黑色短纖維羊毛至耳尖處。

12

耳朵翻至正面，鋪上白色羊毛並使用腮紅塗在中心。

13

在中央點塗上深色眉粉，製造陰影感。

14

將兩隻耳朵接合在頭部上。

15

墊高

墊高哈士奇的鼻樑。

POINT 此處須做得立體、有高度。

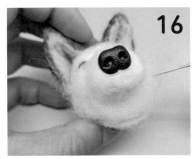

16

接著將下巴處圍上白色羊毛，使臉型更圓潤。

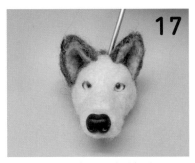

17

頭部打底完成，準備植毛。

臉部植毛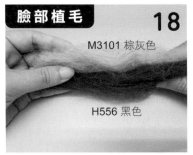

18

M3101 棕灰色

H556 黑色

將棕灰色長纖維羊毛與黑色長纖維羊毛等比例混合。

19

混合好的樣子。

20

剪取數段羊毛，每一段約 3cm 長度即可。

21

裁剪好的羊毛可使用容器盛裝備用。

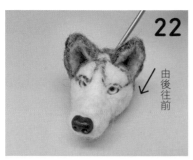

使用水消筆畫出頭頂部需要植毛的範圍。

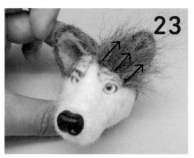

左右側分別往斜外上方植毛，由耳朵往眼珠方向層層往前。

單邊植好的樣子。

兩側分別植好的樣子。

再用剪刀修剪出頭型。

剪好後的樣子。

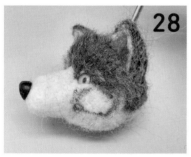

接著畫出顴骨的植毛區。

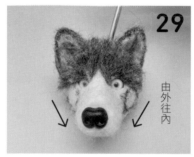

注意左右兩側是否對稱。

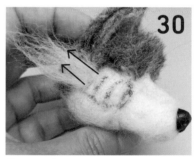

使用白色長纖維羊毛，由外側往嘴管處一層層橫向植毛。

兩側顴骨植好的樣子，並進行修剪。

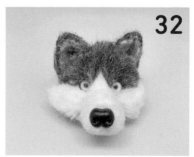

修剪好的樣子。

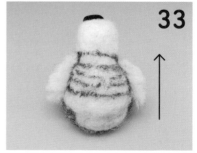

亦使用白色長纖維羊毛在下巴處植毛，由下往上層層植毛。

接近環狀的植毛方式。

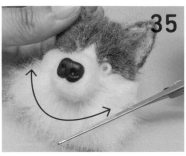

下巴處植好後修剪。

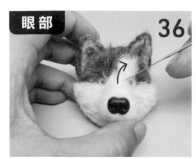

眼部

使用白色羊毛做一個眉毛,補在眼珠前端。

再將白色羊毛揉成細長條的眼瞼,補在眼珠上方。

雙眼眉頭與眼瞼補好的樣子。

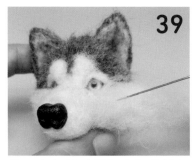

使用白色羊毛疊加在顴骨植好的毛上面,讓顴骨更明顯。

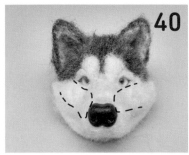

兩邊顴骨各填加兩次的樣子。

POINT 填加顴骨後,哈士奇臉部會更有立體感。

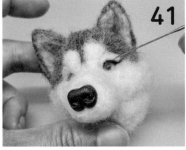

使用黑色羊毛揉細、製作成眼線,塞入上眼眶(必須形成一個弧形)。

下眼眶也一樣放入眼線。

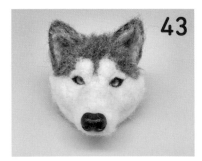

兩邊塞好黑色眼線的樣子。

兩眼中間補上一小撮白色長纖維羊毛,延伸到頭部中間。

嘴部

製作下嘴皮。

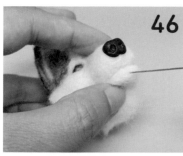

再將下嘴皮接合上去。

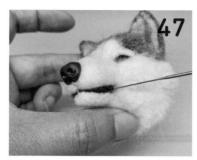

嘴管與下嘴皮之間塞入揉細的黑色羊毛。

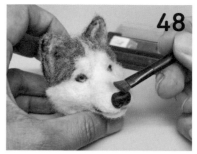

嘴管上方中間用眉粉加上一點陰影。

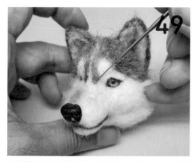

兩邊眉頭前端各補一撮在步驟18混合好的長纖維羊毛。

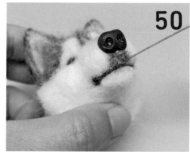

嘴管前端戳上深灰色羊毛。

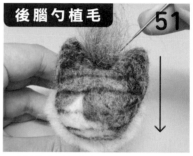

後腦勺植毛

開始進行後腦勺植毛，方向為由上往下。

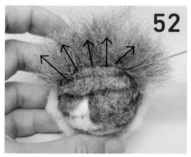

呈環狀放射植毛。

植好後進行修剪。

修剪至清爽的圓形。

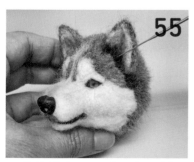

耳朵前端塞入一點黑色長纖維羊毛並剪短。

哈士奇完成！

no.6

約克夏 Yorkshire Terrier

約克夏的頭部輪廓打底相近於瑪爾濟斯，
幾乎可以通用，植毛順序也很像。只是臉
型上來說，約克夏稍微長一點，瑪爾濟斯
則是比較寬，這個差異性會透過修剪毛來
調整。牠們很好區分的地方在於毛色，約
克夏會多混入一點蠶絲羊毛，讓毛髮呈現
閃亮亮的光澤感，耳朵是豎起來的，毛髮
造型可以有很多變化呢！

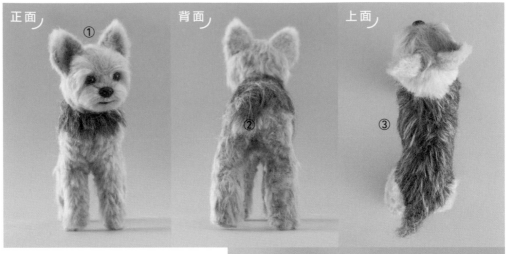

製作重點 ↵

① 頭部的毛服貼平順,毛量不需要太多

② 尾巴毛流朝向斜後方,短短小小的

③ 毛髮呈現閃亮亮的光澤感

④ 前胸換色部分約 1/3 即可,像穿背心一樣

材料 ↵

羊毛

M 西班牙短纖維白色基底羊毛

M 黑色短纖維羊毛

M 214 肉粉色羊毛

M 268 混棕色羊毛

M 272 粉紫色羊毛

M 3104 Corrie 系列 - 黑色長纖維羊毛

H 553 植毛系列 - 棕色羊毛

白色蠶絲羊毛

金色蠶絲羊毛

其他

8mm 黑豆眼 1 對

10mm 擬真黑色狗鼻 1 個

* M 表示可購自瑪琪羊毛氈,數字為該商店的販售編號

* H 表示為日本 Hamanaka 系列羊毛,數字為此品牌
 的通用編號

* 約克夏頭部版型 *

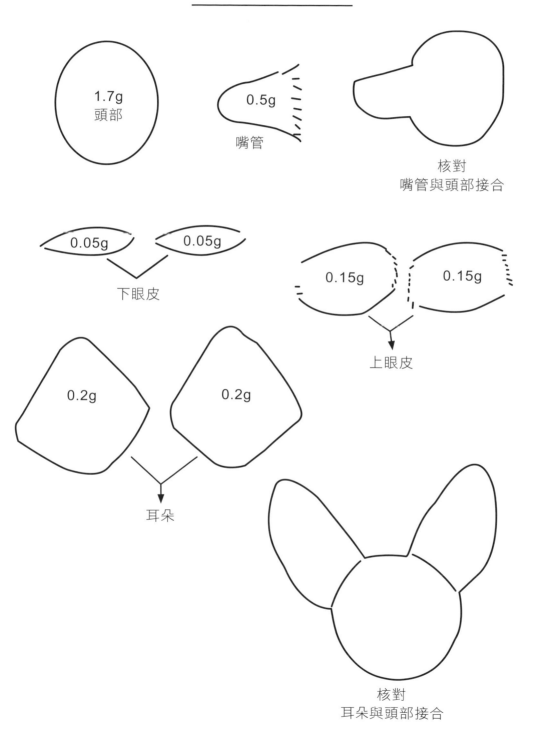

1.7g
頭部

0.5g
嘴管

核對
嘴管與頭部接合

0.05g　0.05g
下眼皮

0.15g　0.15g
上眼皮

0.2g　0.2g
耳朵

核對
耳朵與頭部接合

* 約克夏骨骼圖 *

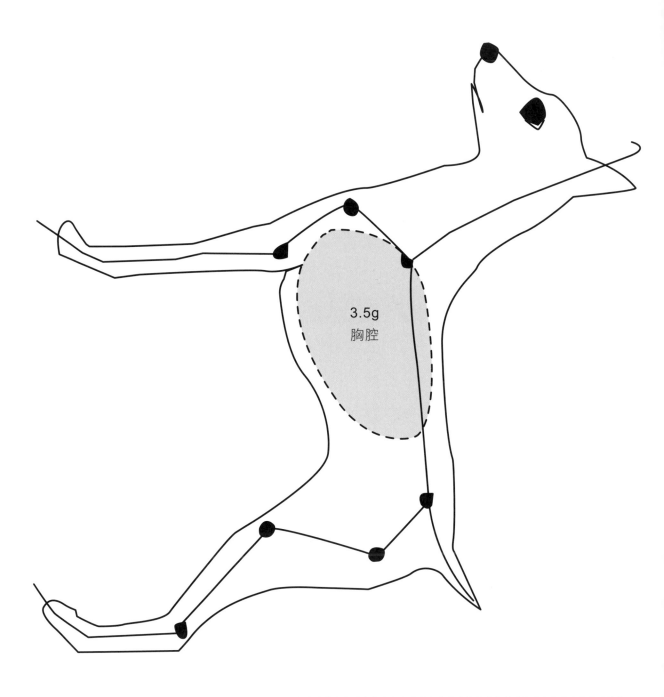

3.5g
胸腔

How To Make 〰
《 頭部 》

頭部基底 01

首先使用白色基底羊毛,製作一個偏橢圓的球體。

02
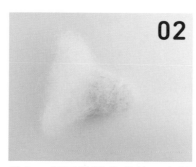

製作一個圓錐狀的嘴管,末端留活毛。

03
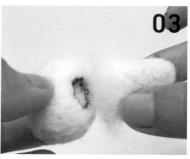

將剛才的橢圓球體中間稍微戳凹,並將嘴管接合上去。

04
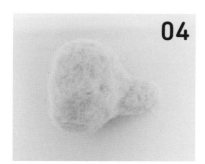

接合好的樣子。

眼部 05

先用水消筆畫出眼珠的相對位置,眼距約 1cm。

06
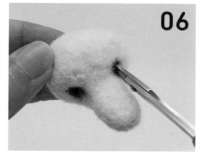

使用小剪刀將預備放眼珠的地方剪出洞來。

07
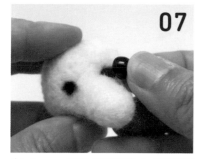

在 8mm 黑豆眼腳塗上保麗龍膠後,塞進剛才剪好的洞裡。

08
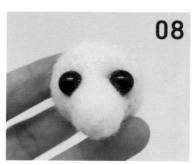

兩邊眼珠放上去的樣子。

09

使用白色羊毛戳一小片薄眼皮後,覆蓋到眼睛上半部。

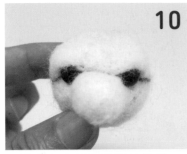

10

兩邊上眼皮都覆蓋好的樣子。

11

再用白色羊毛戳小片薄眼皮，覆蓋眼睛下半部。

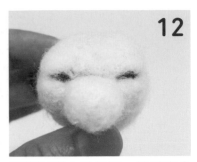

12

兩邊下眼皮放好後，看起來會像瞇瞇眼的樣子哦！

13

接著用戳針沿著上下眼皮內緣推開，讓眼珠看起來有神。

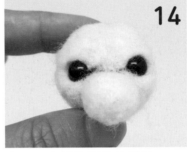

14

上下眼皮都推開後的樣子。

下巴　15

在下巴補毛，使臉型回到長橢圓狀。

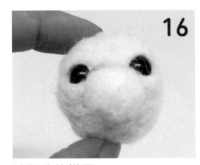

16

補好後的樣子。

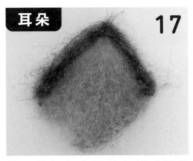

耳朵　17

使用肉粉色與粉紫色羊毛製作耳朵，外框加上混棕色羊毛。

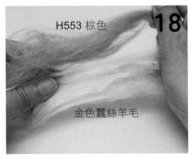

H553 棕色　18

金色蠶絲羊毛

將金色蠶絲羊毛與棕色長纖維羊毛以 1：1 比例混合。

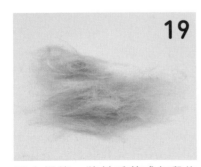

19

混合好後，將羊毛剪成每段約3cm 長度，待耳朵植毛用。

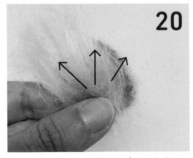

20

先將耳朵翻到背面（沒有刺混棕色羊毛的那面），將混好的羊毛以放射狀排上去。

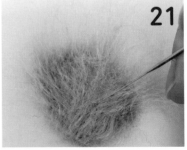

21

排好後會呈現扇形，將羊毛戳刺固定在耳朵背面。

接著翻到耳朵正面，一樣將耳朵邊緣以放射狀植上羊毛。

POINT 起始點固定在混棕色那條線，而不是中間的耳朵肉上。

將外圍的毛修剪整齊，大概只保留 0.5cm。

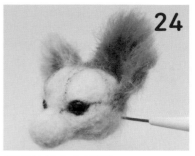

將耳朵接合上頭頂。

POINT 這邊請核對版型確認耳朵接合的位置。

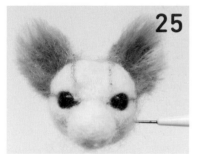

接合完成的樣子。

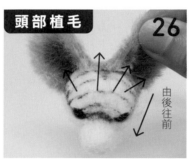

頭部植毛

畫出頭頂預備植毛的區域。

由後往前

POINT 約克夏不會像博美般爆毛！接下來每一束取的毛量不要太多。

開始放射狀一束束植毛，從靠耳朵處往兩眼方向一層層推進，每層毛間距約 0.4cm。

植到眼珠上緣即可停止。

用剪刀預先修毛。

點狀戳刺固定

將植好的毛用戳針固定在頭皮上，呈現服貼柔順的毛流。

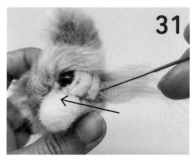

兩頰區的植毛由外側往眼珠方向層層推進，毛流都朝外翻。

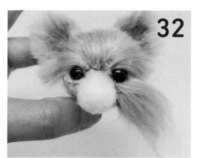

單側植好的樣子。

兩側植好的樣子。

34

修剪側臉毛，建議長度不超過耳朵外緣比較清爽。

35

剪好後的樣子。

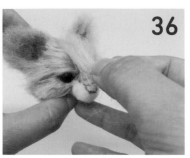

36

鼻樑處的植毛，是由兩眼中間往鼻頭方向一層層植，約只需要 3 小束。

37

植好後用戳針將鼻樑處羊毛戳服貼一些。

38

接著畫出嘴巴周圍的植毛區（想像波堤獅嘴巴那兩球），由外往嘴正中央植約 4-5 小束。

39

單側植好後的樣子。

40

修剪鬍子，長度大約 1.5-2cm 較適當。

41

另一側也植好的樣子。

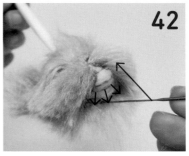

42

下巴區的毛以放射狀植上去，毛量可以稍多，由後往嘴中央一排排植 6-7 層，每層 2-3 束。

43

下巴的毛植好後做修剪。

44

約剪到剩 1cm，圖為剪好後的樣子。

45

在嘴鼻交集處中間剪一個小洞，插入 10mm 黑色狗鼻。

使用保麗龍膠將鼻子黏牢。

先將黑色羊毛揉成細線，再戳刺固定在鼻子下側，做出嘴巴的笑容。

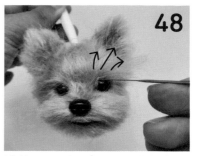

補植眉頭的毛，從眼珠上緣內側入針，很像上眼周長出放射狀長睫毛（約植 3 小束）。

單眼植好的樣子。

雙眼植好的樣子。
POINT 補植這個部分會使眼神更加生動哦！

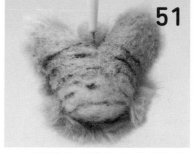

接著翻到背面準備植後腦勺的毛，植毛區域如圖示。

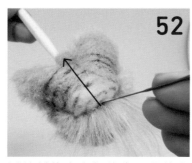

以放射狀由底部往靠耳朵的方向一層層植上去，用量偏少，大約植 6-7 層，每層約 3-4 束。

植好後用塑膠梳齒睫毛梳整理羊毛。

修剪好後，即完成約克夏的頭部囉！

《 身體 》

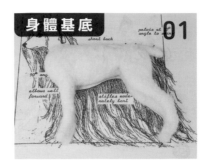

身體基底 01

參考 P.36 解說，比對約克夏骨骼圖，折出骨架並包覆上羊毛。

02

身體基底完成的樣子。脖子處預留鐵絲長度，以鉤住頭部。

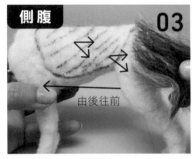

側腹 03

由後往前

使用黑色長纖維羊毛混合白色蠶絲羊毛，準備植側腹部位。

04

毛流朝斜下方對折植入，直到填滿身體半面。植好後剪短。

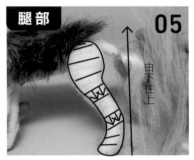

腿部 05

由下往上

將棕色長纖維羊毛混合金色蠶絲羊毛，準備植腿部。

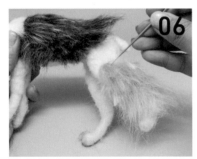

06

從腳跟由下往上一層層植毛至臀部，毛流對折朝下植入。

07

後腿部植好毛並剪短的樣子。
POINT 修剪好後，身體側面看起來會有前長後短的曲線。

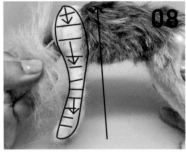

08

前腿也是同樣方式，由下往上一層層植毛。

09

前腿植好的樣子。接著依照相同方式，將身體另一側（側腹、前後腿）植毛。

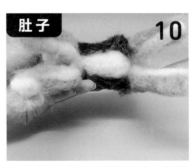

肚子 10

準備植肚皮與腿部內側、前後側（腿部 360 度都要植毛）。

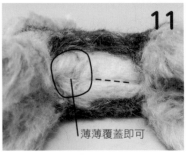

11

薄薄覆蓋即可

肚皮上半部戳入與腿部同色的羊毛，下半部平鋪肉粉色羊毛，肚皮中間戳一條凹痕。

胸口　12

接著準備植胸口處。

13

胸口上半部使用與背部同色的羊毛，植胸口上 1/3 即可。

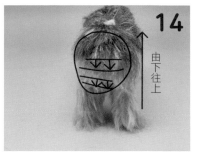

14

由下往上

胸口下半部則使用與腿部同色的羊毛，由下往上一層層對折植入。

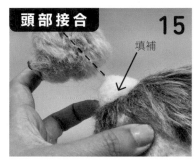

頭部接合　15

填補

在脖子處補一小圈白色基底羊毛，再將鐵絲拉直，從頭部後側底部穿往頭頂。

鉤住　16

鐵絲穿過頭部後，將露出的鐵絲剪短至約 1cm，並折彎鉤住頭頂。

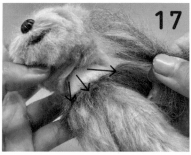

17

將脖子處空白的地方以環狀補植羊毛（使用背部同色羊毛）。

18

到此為止整體的樣子。

尾巴　19

準備植尾巴，底部先植同腿部顏色的羊毛，毛流朝斜後方。

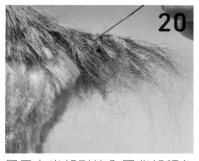

20

尾巴上半部則植入同背部顏色的羊毛。

21

約克夏全身作品完成！

no.7

柯基犬 *Corgi*

柯基犬也算是難度偏高的犬系動物。牠們的特色是下眼眶處會有很像「眼袋」的肌肉紋理，耳朵比起柴犬更大，嘴管也是再細長一些。牠們也有臉頰跟下巴的肥肉，因此要注意：下巴的植毛量要豐厚！身體部分的植毛量也要足夠（牠們的身體毛其實很厚唷）。

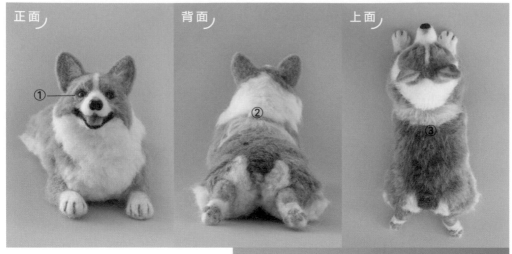

正面　背面　上面

側面

製作重點 ✍

① 下眼眶有很像「眼袋」的肌肉紋理

② 身體的毛量相當豐厚

③ 從背部正中央、背部兩側到側腹部，共有三層顏色

④ 臉頰跟下巴有明顯的肥肉感

材料 ✍

羊毛

M 西班牙短纖維白色基底羊毛

M 黑色短纖維羊毛

M 214 肉粉色羊毛

M 257 深灰色羊毛

H 202 紫紅色羊毛

H 272 粉紫色羊毛

H 551 植毛系列 - 白色羊毛

H 552 植毛系列 - 淺金黃色羊毛

H 553 植毛系列 - 棕色羊毛

H 554 植毛系列 - 深棕色羊毛

H 556 植毛系列 - 黑色羊毛

H 808 Natural Blend 系列 - 柴犬色羊毛

其他

8mm 咖啡色水晶眼珠 1 對

10mm 山形黑色狗鼻 1 個

* M 表示可購自瑪琪羊毛氈，數字為該商店的販售編號

* H 表示為日本 Hamanaka 系列羊毛，數字為此品牌的通用編號

＊ 柯基頭部版型 ＊

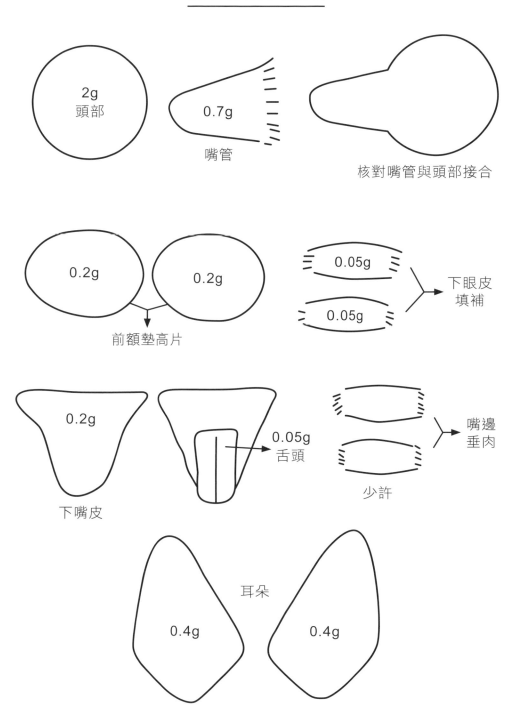

2g
頭部

0.7g
嘴管

核對嘴管與頭部接合

0.2g　　0.2g
前額墊高片

0.05g
0.05g
下眼皮填補

0.2g
下嘴皮

0.05g
舌頭

少許
嘴邊垂肉

耳朵

0.4g　　0.4g

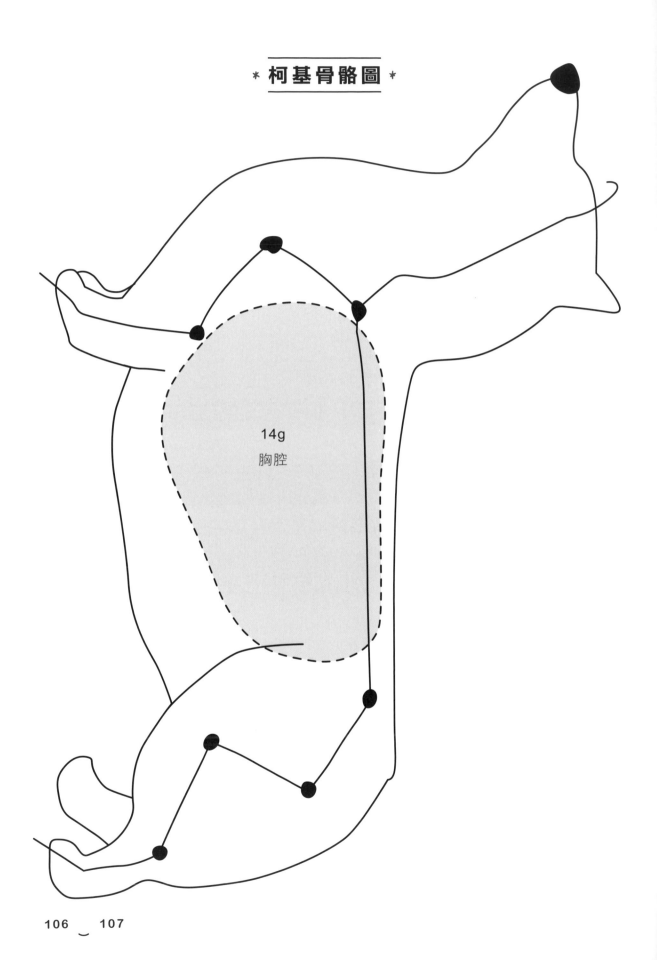

＊柯基骨骼圖＊

14g
胸腔

How To Make

《 頭部 》

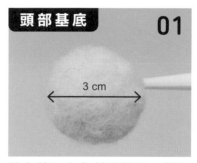
頭部基底 **01**

3 cm

首先使用白色基底羊毛，製作出一個直徑約 3cm 的圓球體，作為頭部。

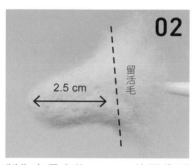
02

2.5 cm 留活毛

製作出長度約 2.5cm 的圓錐形嘴管，並留活毛。

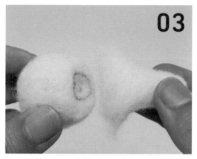
03

在頭部中間戳出一個凹陷處，將嘴管接合上去。

04

頭部與嘴管接合好的樣子。

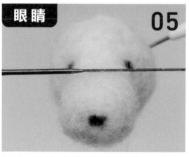
眼睛 **05**

用水消筆畫出眼珠與鼻子的相對位置。

POINT 眼珠位置高度是緊接嘴管的喔！

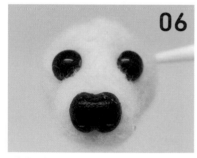
06

以小剪刀在畫好的眼、鼻位置剪洞，將咖啡色水晶眼珠與山形狗鼻，用保麗龍膠黏上去。

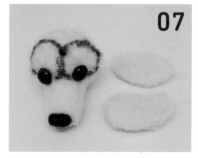
07

製作兩片前額墊高片（黑色框線處為預計填補位置）。

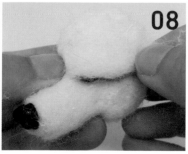
08

將墊高片覆蓋到眼珠周圍並固定好。

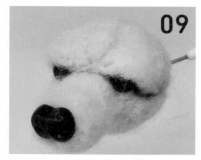
09

左右兩片都覆蓋好的樣子。

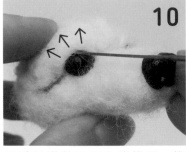

用戳針沿著眼眶內緣推開，推出半弧形。

接著先畫出下眼皮的位置（黑色框線為預計填補範圍）。

依照黑色框線製作兩片長條形下眼皮，覆蓋在眼珠的下半部。

再用戳針沿著下眼眶內緣推開（左眼為已推開的樣子）。

嘴巴

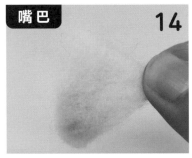

先戳出一片下嘴皮。

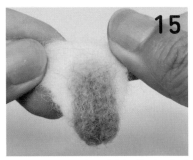

再用紫紅色羊毛製作薄片形舌頭，固定在下嘴皮上。

使用黑色羊毛，用手搓揉使其變細，再氈化成細長條狀（約5cm）。

將黑色細長條羊毛戳刺固定在下嘴皮周圍。

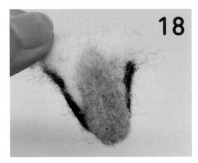

固定好後的樣子。

將下嘴皮含舌頭接合到嘴管根部下方。

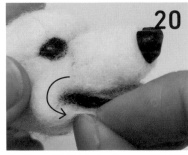

在嘴角的兩側各補一小段嘴邊垂肉。

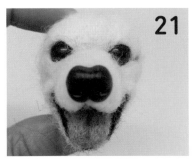

補好後的樣子。

耳朵

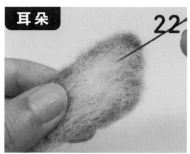
22

用柴犬色羊毛製作耳朵,再於中間戳上少許肉粉色羊毛。

23

可以打上一點腮紅,使耳朵更生動。

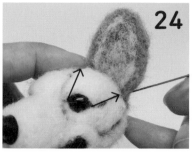
24

將耳朵固定在頭部上面。
POINT 沿著眼睛往後畫輔助線,大約就是耳朵位置。

25

接合後檢查耳朵位置是否對稱,耳尖高度是否等高。

臉部植毛

26

由後往前

開始進入植毛階段。使用深棕色長纖維羊毛,分左右邊植前額,由後往前植到眼珠位置。

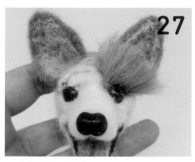
27

單側植好的樣子。

28

兩側植好的樣子。

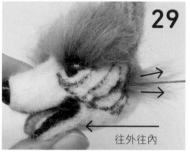
29

往外往內

接著植臉頰區域,一層約 2 小束毛,由外側往眼珠方向推進。

30

單側臉頰植好後的樣子。

31

兩邊臉頰都植好後的樣子。

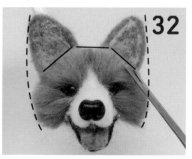
32

進行修剪,頭頂區需剪到露出耳朵 2/3(有點呈現梯形),臉頰區的長度約接近耳朵外緣。

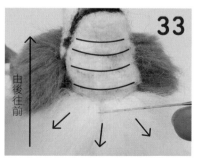
33

由後往前

接著用白色長纖維植下巴區域,這裡每束毛量可以多點,由後往前一層層植毛。

34

將下巴區的毛修剪成圓弧狀。

35

修剪好後的樣子。

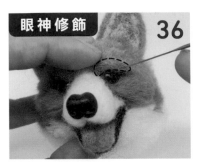

眼神修飾　**36**

用柴犬色羊毛，製作一小條眉毛感的形狀，戳在眼珠上方，注意要有一個弧度。

37

接著補上眉頭。

POINT 柯基的眉頭很突出喔！

38

在下眼珠周圍補上類似臥蠶形狀，一樣需要做出弧度。

POINT 將眼珠圍成一個杏仁形。

39

使用深灰色羊毛，戳成細線固定在眼珠內側當成眼線（上下眼線各一條）。

POINT 修剪眼尾線太長的部分。

40

兩眼都補好後的樣子。

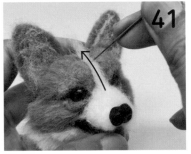

41

取一小束白色羊毛，固定在兩眼中間的嘴管上，另一頭自然順向頭頂中央。

42

接著在頭頂、臉頰外後側補植上白色及深棕色長纖維羊毛，各約 2 ～ 3 束，植好後剪短。

後腦勺植毛 43

準備植後腦勺區域，先畫上輔助線，區分毛流方向與顏色。

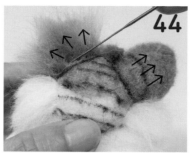

44

靠近耳朵處植上深棕色長纖維羊毛，完成兩邊耳朵。

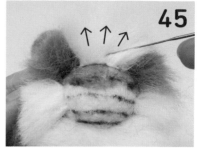

45

後腦勺中央用白色長纖維羊毛，由頭頂往下層層環狀植毛。（此處毛量可以多一點）

46

植好後修剪順暢。

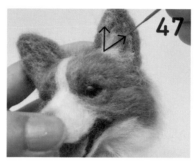

47

最後使用白色長纖維羊毛，植耳朵內側的毛。

48

還可在眉頭處戳上少許深灰色羊毛。柯基頭部即完成。

做出毛髮豐厚的柯基頭部後，接著來挑戰身體部分吧！

《 身體 》

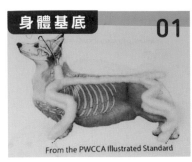

身體基底 01

From the PWCCA Illustrated Standard

參考 P.36 解說，比對柯基骨骼圖，折出骨架並包覆上羊毛。

02

將軀幹以及四肢填補好肌肉部分，完成身體基底。

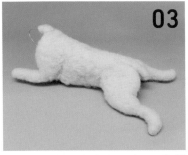

03

再將姿勢調整成自己想要的樣子（此處為趴姿）。

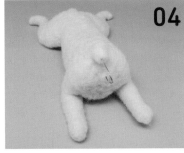

04

從頭部俯視身體的樣子。

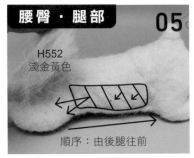

腰臀・腿部 05

H552
淺金黃色

順序：由後腿往前

開始進行植毛。使用淺金黃色長纖維羊毛，在腰腹部順著毛流方向朝斜下方對折植入。

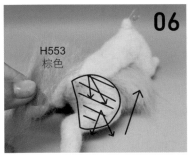

06

H553
棕色

大腿外側使用棕色長纖維羊毛，由腳跟處往腰部方向一層層植毛，一樣對折植入。

07

兩處植好的樣子。接下來往背部植毛。

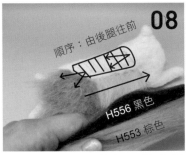

08

順序：由後腿往前

H556 黑色

H553 棕色

混合黑色以及棕色長纖維羊毛，由屁股往脖子方向，毛流朝後對折植入。

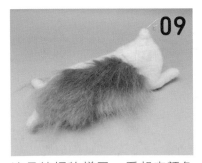

09

這是植好的樣子，看起來顏色會深一點。

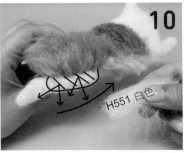

10

H551 白色

大腿外側用白色長纖維羊毛，對折朝後，由腿部往腰處植入。

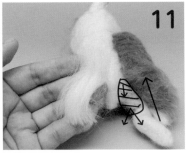

11

換植屁股處，亦使用白色長纖維羊毛，由下往上植毛。

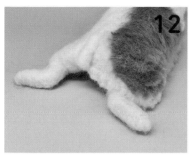

植好後修剪呈圓弧狀。

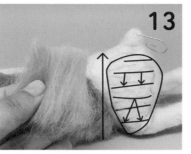

接著是前腳，使用棕色或深棕色長纖維羊毛，由下往上（從手肘往脖子）對折植入。

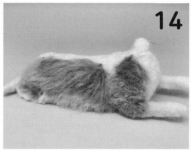

前腳植好毛並剪短。另一側也依照相同方式植毛。

POINT 這邊的毛要剪得比較短。

頸背部

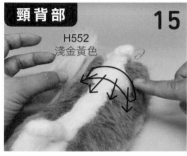

H552
淺金黃色

後頸處使用淺金黃色長纖維羊毛，以環狀放射植毛。

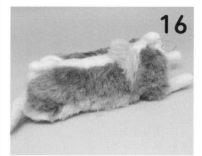

後頸處植好的樣子。

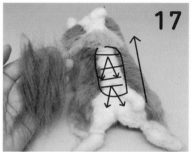

背部正中央混合黑色以及深棕色長纖維羊毛，由尾巴根部往前頸方向，對折朝後植入。

POINT 可以稍微加重黑色比例。

頭部接合

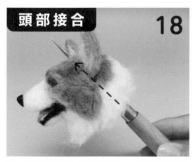

取出做好的柯基頭，用錐子從後頸底部往頭頂穿出一個洞。

將身體脖子處的鐵絲拉直，由下往上穿過剛才的洞。

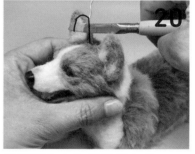

從頭頂穿出的鐵絲保留約 **1cm** 長度，折一個彎鉤住頭部。

頭部與身體接合好的樣子。

胸部

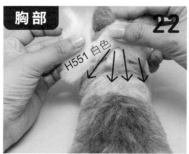

H551 白色

將後頸處有空缺的地方植白色長纖維羊毛，對折往下固定。

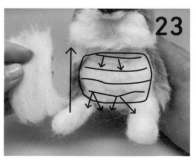

胸口處用白色長纖維羊毛，由底部往上，環狀一層層植毛。

24

胸口處植好並剪短的樣子。

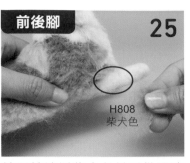

前後腳 **25**

H808
柴犬色

前腳前端以柴犬色羊毛做過渡銜接。

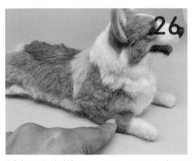

26

鋪好毛的樣子,另一腳重複同樣步驟。

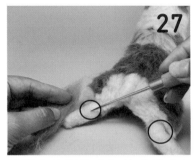

27

後腳也使用柴犬色羊毛鋪毛,大約鋪後腳的一半即可。

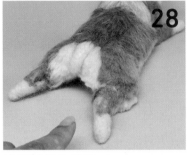

28

後腳鋪好的樣子。

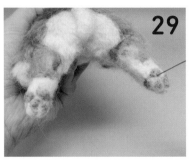

29

使用粉紫色羊毛混合少許深灰色,製作肉球。

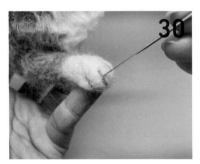

30

用深灰色羊毛戳手指分隔線。
POINT 可以先使用白色羊毛將手掌前端補大一點再戳線。

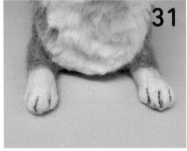

31

兩邊手指刻畫好的樣子。

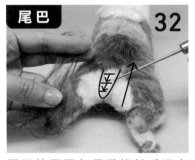

尾巴 **32**

尾巴使用黑色長纖維羊毛混合深棕色,由後往前植毛。

33

背部整體完成的樣子。

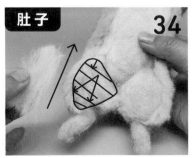

肚子 **34**

接著翻到肚子面,使用白色長纖維羊毛植大腿內側,將羊毛對折朝下植入。

35

植好後做修剪,這邊要剪到比較短。

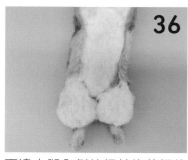

兩邊大腿內側植好並修剪好的樣子。

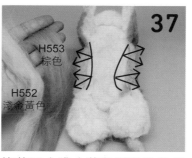

H553
棕色

H552
淺金黃色

接著混合淺金黃色以及棕色長纖維羊毛，植腰部內側，毛流向外翻。

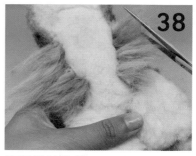

植好後做修剪。

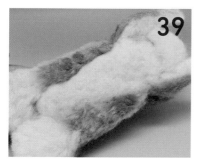

將腰部的毛修短後的樣子。

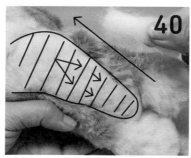

肚皮處使用白色長纖維羊毛，由大腿往胸口方向，毛流對折朝下植入。

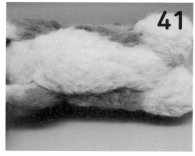

肚皮植好並剪短的樣子。

最後使用腮紅將肚皮與大腿交界處上色。

柯基全身作品完成！

黃金獵犬 Golden Retriever

我覺得黃金獵犬為狗狗之中數一數二難製作的，因為他們的臉部紋理很多，很容易一不小心就做「老」了。製作黃金獵犬時，建議一開始嘴管可以做得長＋胖一點，但不要戳太硬，因為嘴管部位到最後還需要進行微調。另外，也要注意黃金獵犬的眉骨以及鼻樑骨都可以加寬加厚一點，看起來會比較憨厚可愛！

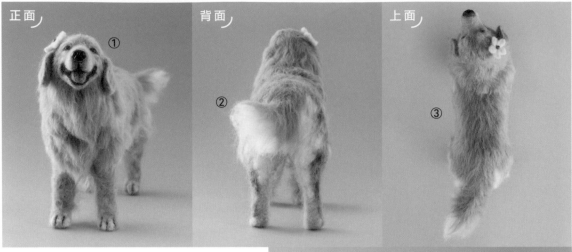

製作重點 ✐

① 臉部的紋路多，但不能戳得太明顯

② 尾巴的毛要想像地心引力往下垂的感覺

③ 毛流會順著脊椎，從頭往尾巴延伸

④ 注意毛流的方向，混合不同顏色做出自然感

材料 ✐

羊毛

M 西班牙短纖維白色基底羊毛

M 黑色短纖維羊毛

M 245 駝色羊毛

M 257 深灰色羊毛

H 202 紫紅色羊毛

H 551 植毛系列 - 白色羊毛

H 552 植毛系列 - 淺金黃色羊毛

H 553 植毛系列 - 棕色羊毛

H 554 植毛系列 - 深棕色羊毛

H 808 Natural Blend 系列 - 柴犬色羊毛

其他

7mm 黑豆眼 1 對

12mm 山形黑色狗鼻 1 個

* M 表示可購自瑪琪羊毛氈，數字為該商店的販售編號

* H 表示為日本 Hamanaka 系列羊毛，數字為此品牌的通用編號

＊ 黃金獵犬頭部版型 ＊

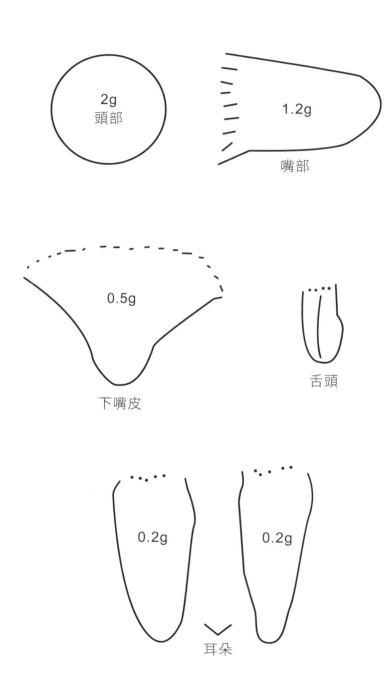

2g
頭部

1.2g
嘴部

0.5g
下嘴皮

舌頭

0.2g

0.2g

耳朵

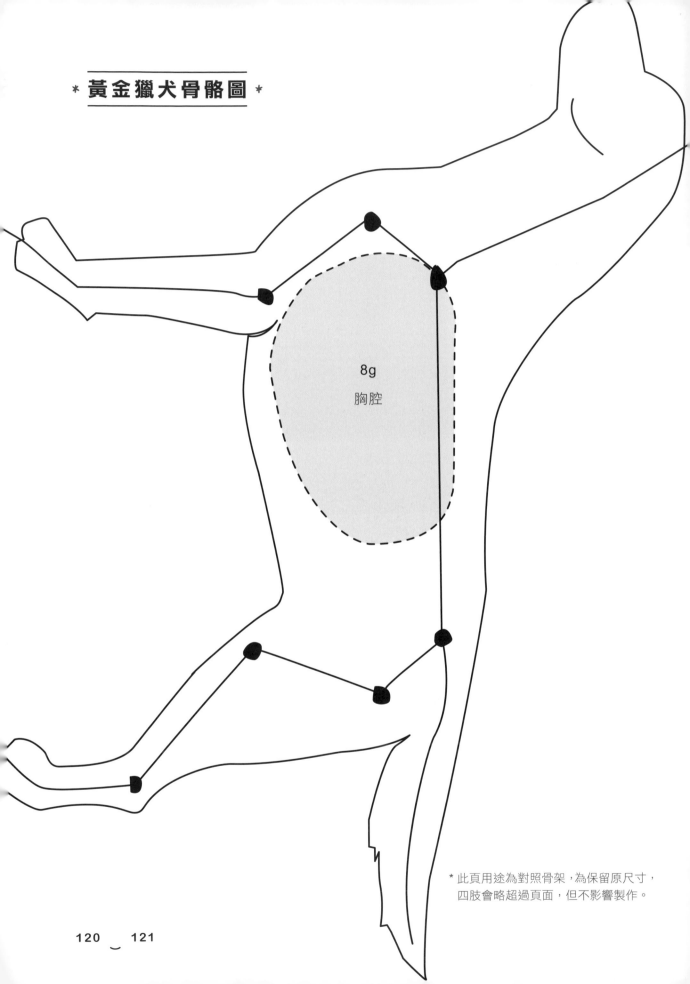

* 黃金獵犬骨骼圖 *

8g
胸腔

* 此頁用途為對照骨架，為保留原尺寸，
  四肢會略超過頁面，但不影響製作。

How To Make ✐
⟨⟨ 頭部 ⟩⟩

頭部基底 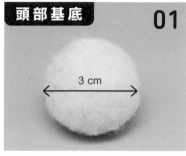 **01**

用白色基底羊毛，製作一個直徑約 3cm 的圓球狀頭部。

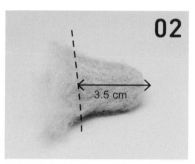 **02**

使用駝色羊毛，製作一個長度約 3.5cm 的圓錐狀嘴管。

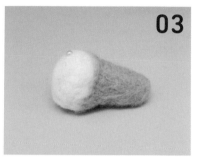 **03**

將嘴管與頭部接合。

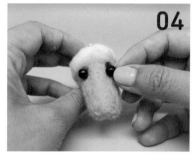 **04**

先用小剪刀剪出兩個小洞，再將 7mm 黑豆眼沾保麗龍膠後插入。

 **05**

在嘴管剪出洞，並將 12mm 狗鼻沾保麗龍膠後插入。

 **06**

用駝色羊毛戳一小薄片，填補兩眼之間的前額位置。

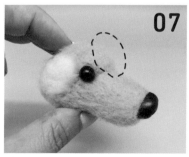 **07**

填好後前額會更圓潤突出。

嘴部 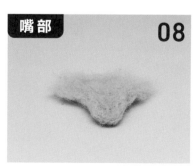 **08**

使用駝色羊毛製作下嘴皮。

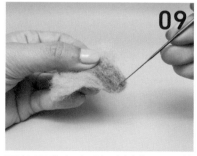 **09**

再使用紫紅色羊毛製作一片薄片狀舌頭，並將舌頭戳刺固定在下嘴皮。

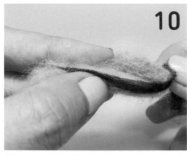

將黑色羊毛揉細後，在下嘴皮周圍戳上黑線。

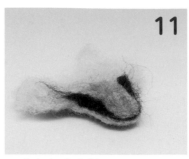

下嘴皮完成的樣子。

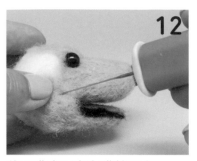

將下嘴皮固定在嘴管下方。

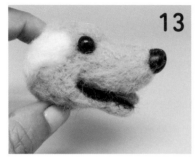

固定好的樣子。

在嘴部戳上條狀嘴邊肉，銜接嘴管與下嘴皮。

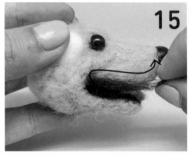

再將黑色線從嘴部開合處的末端，延伸戳刺到嘴管下緣（往鼻頭方向）。

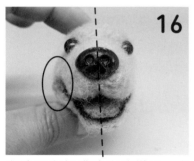

左邊是有加嘴邊肉的樣子，右邊沒有。

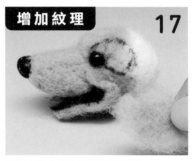

將兩側太陽穴附近補厚。

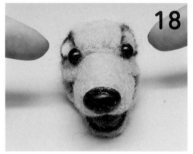

補的地方如手指所示。

單邊填補好的樣子。

兩邊都補好的樣子。

使用駝色羊毛製作細條狀，在眼睛下方補上紋理。

22

完成的樣子。

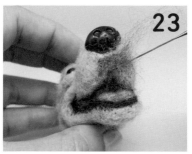

23

接著使用深灰色羊毛，戳在嘴管的人中周圍。

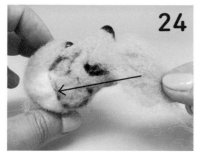

24

再使用駝色羊毛將臉頰補厚。

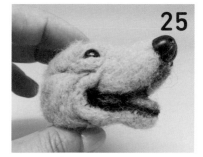

25

補完的樣子。

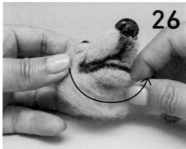

26

下巴區也一樣補厚。

27

完成後的樣子。

耳朵

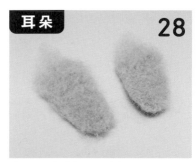

28

使用駝色羊毛，製作兩片形狀偏窄長的耳朵。

29

將棕色長纖維羊毛裁剪成約2cm 數段，準備將耳朵植毛。

30

這是右耳的毛流方向，使用的毛束不要過厚。

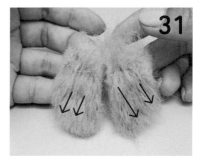

31

兩側耳朵植好的樣子，須修剪到跟邊緣齊長。

臉部植毛

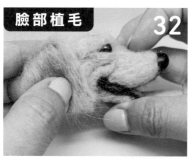

32

將耳朵預先固定在頭部。

33

接著將耳朵往上翻，使用棕色長纖維羊毛植在臉頰兩側，毛流朝斜下方。

34

單側植好的樣子。

35

兩邊臉頰植好毛的樣子。

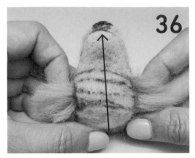

36

接著以環狀植毛的方式,植下巴區的毛。

37

下巴區植好毛的樣子。

38

將耳朵放下來的樣子。

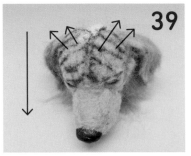

39

準備進行頭頂區的植毛。如圖示,分成左右兩個區域。

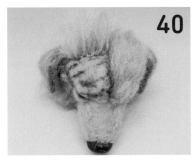

40

由後腦往眼珠方向植毛,毛流為朝斜外方。

41

植好後將剪刀貼著頭頂修剪。
POINT 這邊會剪到很服貼喔!

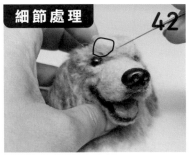

細節處理 **42**

使用駝色羊毛戳上眉頭。

43

再以駝色羊毛補上眼皮。

44

鼻樑與額頭的銜接處可以再墊高,補到形狀摸起來順暢。

後腦勺植毛 45

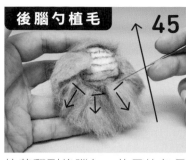

46

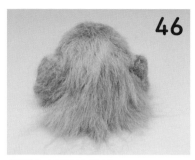

47

接著翻到後腦勺，使用棕色長纖維羊毛由下往上環狀植毛。

後腦勺植好的樣子。

正面看起來的樣子。

製造雙眼皮 48

49

準備創造雙眼皮，先使用深灰色羊毛揉細塞入上眼皮，變成內眼線。

再把少許駝色羊毛揉到很細，塞到剛才深灰色眼線下，使用戳針慢慢調整雙眼皮寬度。

50

擁有雙眼皮的黃金獵犬頭部即完成！

《 身體 》

身體基底 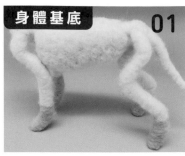 01

參考 P.36 解說，比對黃金獵犬的骨骼圖，折出骨架並包覆上羊毛。

 02

後腿肌肉形狀

使用白色基底羊毛，準備將前後腿裏上肌肉。

POINT 因為要製作成四足站立的模樣，請先調整好身體的平衡。

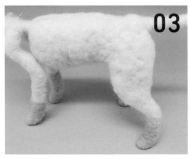 03

這是後腿肌肉纏繞好的樣子。

 04

將前腳上半部也裏上羊毛。

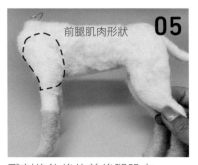 05

前腿肌肉形狀

戳刺修飾後的前後腿肌肉。

POINT 一邊戳一邊比對黃金獵犬身體的圖片，檢查肌肉的形狀。

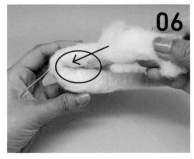 06

前胸口中間的凹縫填上羊毛。

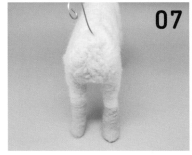 07

胸口填好的樣子。

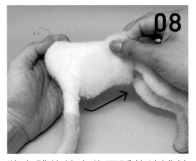 08

將身體的輪廓往下延伸填補羊毛，增厚下腹部，前高後低。

腹部 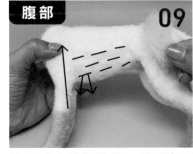 09

使用淺金黃色羊毛，從下腹區（藍色框記號）開始植毛。

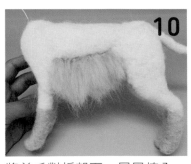 10

將羊毛對折朝下一層層植入，植好後如圖示。

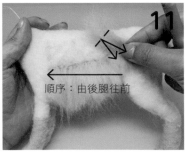 11

順序：由後腿往前

接著使用棕色羊毛，毛流方向會朝斜後下方做變化。

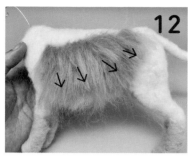

12

這是腹部植好的樣子，羊毛會接近脊椎處。

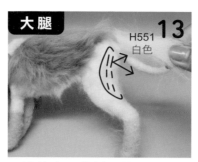

大腿 **13** H551 白色

開始植大腿後側，將白色長纖維羊毛水平對折往後植入。

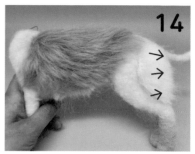

14

這是植好的樣子。

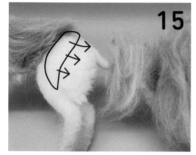

15

接著混合深棕色、棕色、淺金黃色羊毛，植大腿前側區。

16

此區植好的樣子。

POINT 混合三色羊毛，可以呈現更自然的不規則混棕色。

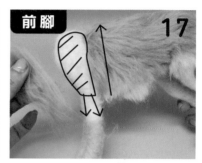

前腳 **17**

前腳上半段的植毛使用棕色羊毛，將羊毛對折朝斜下方，由下往上一束束植。

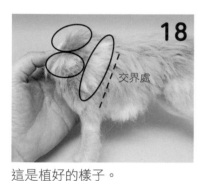

18 交界處

這是植好的樣子。

POINT 前腳與身體交界處可以植少許的淺金黃色或深棕色羊毛，做出顏色的層次變化。

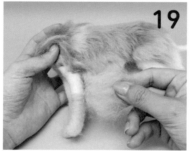

19

前腳中段裹上由柴犬色與駝色混合的羊毛。

POINT 這邊不用裹得太緊。

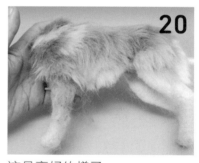

20

這是裹好的樣子。

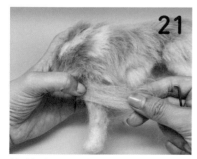

21

接著將此段植入混合淺金黃色與棕色的羊毛。

22

羊毛前段固定在腿上，後方留一小段往後飛，製造飄逸感。

後腳 **23**

接著同前腳，在後腳中段裹上由柴犬色混合駝色的羊毛。

24

裏好後的樣子。

POINT 在腳後跟轉折處可以戳上一點顏色較深的咖啡色。

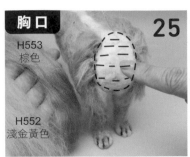

胸口 **25**

H553
棕色

H552
淺金黃色

使用淺金黃色及棕色羊毛，準備植胸口處。

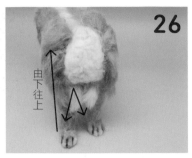

26

由下往上

由胸口最下方開始植，先使用淺金黃色羊毛，將毛對折，毛流朝下方植毛。

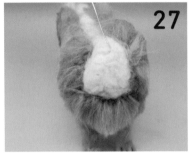

27

在中段處換成棕色羊毛，以同樣的毛流方向植毛。

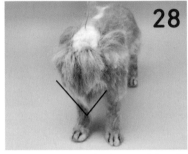

28

植到靠近鐵絲處停止，並用剪刀修剪出層次，形成像領巾的形狀。

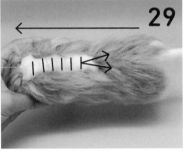

29

接著植脊椎處。使用深棕色羊毛，由屁股往脖子方向，將羊毛對折朝後方植入。

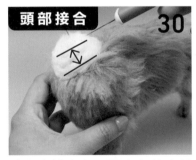

頭部接合 **30**

脖子處補裹上一圈白色基底羊毛，大約增加 1.5-2cm 高度。

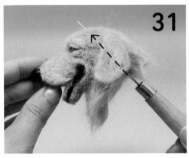

31

接著使用錐子，將頭部由後下方往頭頂處貫穿、戳洞。

POINT 務必記得洞口的入口處。

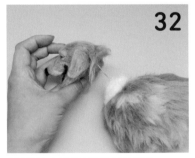

32

將鐵絲由洞口貫穿至頭頂。

POINT 如果鐵絲很難穿過去，用小剪刀在入口處把洞剪大。

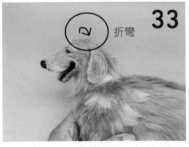

33

折彎

穿過後，用彎鉗將露出的鐵絲折彎，以便鉤住頭頂。

34

頭部接好的樣子。

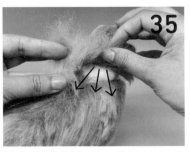

35

接著翻到後頸處，使用棕色羊毛將空白處植滿。

尾巴 　**36**

尾巴背面

接下來植尾巴。用白色長纖維羊毛鋪在尾巴朝下那面，然後整排從中間固定在尾巴上。

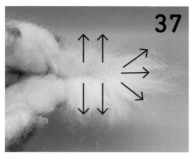

37

靠尾巴尖端處，毛流可以往中間聚攏固定。

尾巴正面　**38**

翻到正面，將棕色羊毛與尾巴骨幹垂直鋪好，從中間戳刺，由尾端一路固定到屁股。

39

使用眉粉在尾巴中間打上一點深棕色，使顏色更有變化。

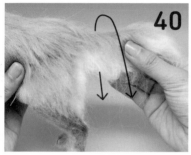

40

植好後尾巴會呈平行張開，將毛往下折，使毛流朝下合起，並用戳針輕輕點狀戳刺固定。

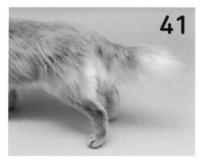

41

尾巴製作好的樣子。

42

最後補上指縫及肉球（深灰色羊毛）等細節就完成了！

生活配件應用篇

將可愛的羊毛氈作品變成日常生活的點綴品是件療癒的事。這裡我會教大家將作品加工製成吊飾與杯蓋的方法，讓羊毛氈作品具有更好的實用性，每天看到它們都會感到心裡暖暖的哦！

《吊飾》

材料&工具 🖉

羊毛氈作品 * 依喜好挑選，符合鑰匙圈尺寸
8mm 雙圈 * 視作品大小挑選合適直徑
6cm T 針
花帽
鑰匙圈
錐子
斜口鉗
尖嘴鉗

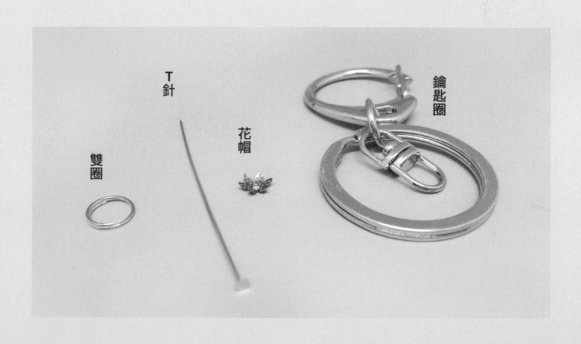

How To Make ⏤

01

使用錐子將羊毛氈作品從底部
或背面（戳入位置視 T 針長度
而改變）戳進去。

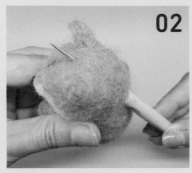

02

再從頭頂中央穿出。

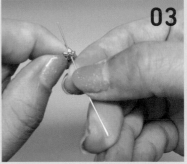

03

接著先將花帽（中間有孔）套
入 T 針。

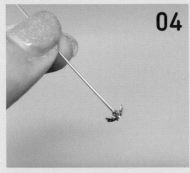

04

花帽會落入 T 針底部卡住。花
帽是為了阻擋作品因拉扯掉落
（詳見後面步驟）。

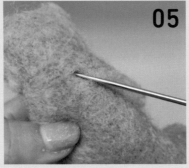

05

將一開始的錐子小心拔出來，
並記得拔出時的洞口位置（也
可以拿水消筆做記號）。

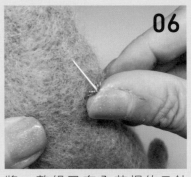

06

將一整組已套入花帽的 T 針
從穿出的洞口由下往上戳進去
（也就是沿著剛才錐子戳進去
的路徑）。

07

從頭頂中央拉出來。

08

若 T 針露出的頭過長，可以用
斜口鉗剪短一些。

09

再使用尖嘴鉗將露出的 T 針折
出一小個彎（形狀很像未閉合
的圓）。

將雙圈套入未閉合的彎。

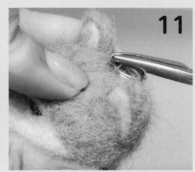

再將剛才的彎用尖嘴鉗完全閉合，使雙圈不會因縫隙掉落。

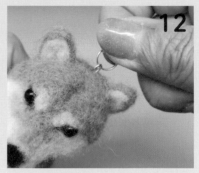

測試雙圈是否會因拉扯掉落（所以剛才的彎一定要閉合完全才行）。

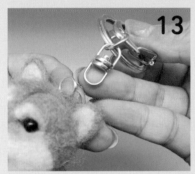

接著找出鑰匙圈的雙 D 環部位，準備卡進雙圈。

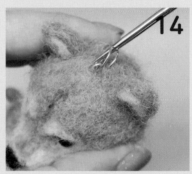

先用錐子或指甲插進雙圈中間的縫隙，將它打開一些，以便鑰匙圈的 D 環可以嵌進去。

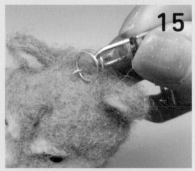

將鑰匙圈的 D 環套入雙圈（這裡可以想像在套家裡鑰匙圈的動作）。

套好後的樣子。

接著取一點羊毛戳刺上去，將露出的花帽遮蓋掉。

吊飾作品就完成囉！若要再保險一點，可以用針線將頭部與雙圈來回縫、固定在一起，會更不易脫落。

《 杯蓋 》

材料&工具 ✒

羊毛氈作品 * 依喜好挑選，符合杯蓋尺寸
杯蓋 * 示範使用的品牌是仙德曼（SADOMAIN）
透明紙
奇異筆
短纖維羊毛 * 顏色視個人選擇而異，示範使用了深棕色羊毛與白色羊毛
保麗龍膠

How To Make ✒

先準備好成品與杯蓋，杯蓋要選中間有凹槽的。

在杯蓋上覆蓋一張透明紙（也可以使用透明夾鏈袋或資料夾），並用奇異筆沿著杯蓋內緣在透明紙上描一圈。

描好在透明紙上的樣子。

準備約 2.3-2.5g 短纖維羊毛。
POINT 依據個人想要的杯面顏色，可自行替換羊毛顏色。

在杯蓋上開始橫向鋪毛。

06

鋪到剛好杯蓋外緣即可。

07

接著以直向再鋪一層毛。

08

鋪好兩層羊毛後的樣子。

09

把整疊羊毛拿起來。

10

移至工作墊上,開始進行氈化戳刺。

11

必須戳到表面都很平整。

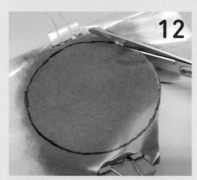

12

接著取出一開始描繪圓圈的透明紙,沿著它剪出一個圓。

13

剪好的樣子。

14

羊毛圓片剪好後放在杯蓋內比對大小,要剛好填滿杯蓋的內緣凹槽。

15

接著拿起來，繼續戳出中間的奶泡感。

16

先確認好擺放位置，準備將作品接合上去。

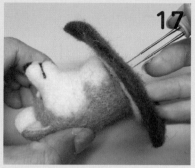

17

從剛才戳好的圓片底部進行戳刺，將羊毛氈作品與圓片戳在一起。

18

戳刺固定好的樣子。

19

將杯蓋內圈塗上保麗龍膠。

20

再將作品放上去。

21

輕壓杯蓋內圈，等候保麗龍膠乾燥。

22

杯蓋作品就完成囉！

《 相框 》

材料&工具 ᕼ

羊毛氈作品 * 依喜好挑選，符合相框尺寸
相框（5 吋方框）
軟質不織布
蕾絲
尖嘴鉗
斜口鉗
保麗龍膠

How To Make ᕼ

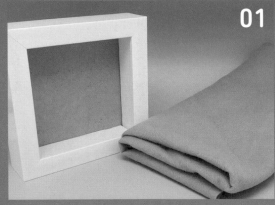

先準備好相框以及不織布。

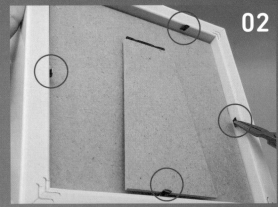

將相框背面的鐵鉤用尖嘴鉗撬開。

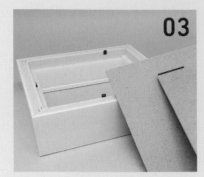

打開相框背板。

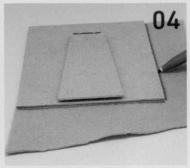

接著把背板拿出，放在不織布上描出外框。

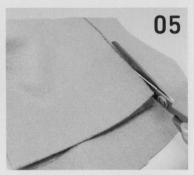

沿著畫好的外框線剪不織布。

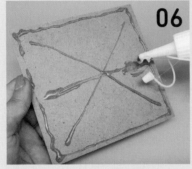

將背板內面塗上保麗龍膠。

POINT 不要塗太厚，否則不織布的正面會因為過度濕潤變深色。

將不織布黏蓋上去。

黏好的樣子。

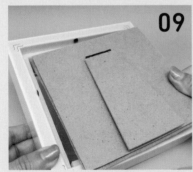

等候不織布與背板確實黏合乾燥後，再放回相框內卡住。

再用斜口鉗將鐵鉤壓下，使背板回到一開始的模樣。

接著翻到正面，在相框上方塗上保麗龍膠，並準備一段蕾絲準備黏貼。

POINT 請留意背板支撐片的上下方向，避免作品黏上去後才發現上下顛倒喔！

蕾絲黏好的樣子。

將羊毛氈作品（博美犬頭部）
背面塗上保麗龍膠。

小心地固定在想要的位置上。
POINT 通常頭部會比較慢乾燥，
可以輕壓並靜置一段時間。

將博美犬的手部底面也塗上保麗龍膠。
POINT 我很喜歡為相框作品增添手，如此會有寵物
趴在窗框的感覺。

將手部黏在相框下方。

兩隻手都黏好，
相框作品即完成！

Emily's Lovely Dogs
to Needle Felt

台灣廣廈 國際出版集團
Taiwan Mansion International Group

國家圖書館出版品預行編目（CIP）資料

艾蜜莉的萌系動物羊毛氈【狗狗篇】：骨架×塑形×植毛全技
巧圖解，戳出蓬鬆柔軟的可愛毛孩 / 許孟真著. -- 初版. -- 新北
市：蘋果屋出版社有限公司, 2024.07
144 面；19×26 公分
ISBN 978-626-7424-25-4（平裝）
1.CST: 手工藝

426.7   113007292

艾蜜莉的萌系動物羊毛氈【狗狗篇】

骨架×塑形×植毛全技巧圖解，戳出蓬鬆柔軟的可愛毛孩（附原寸對照圖）

作　　　者／許孟真（艾蜜莉）

攝　　　影／Hand in Hand Photodesign
　　　　　　璞真奕睿影像

攝影（步驟圖）／許孟真（艾蜜莉）

編輯中心執行副總編／蔡沐晨

編輯／蔡沐晨・許秀妃　封面設計／曾詩涵

內頁排版／菩薩蠻數位文化有限公司

製版・印刷・裝訂／東豪・弼聖・秉成

行企研發中心總監／陳冠蒨

媒體公關組／陳柔彣

綜合業務組／何欣穎

線上學習中心總監／陳冠蒨

數位營運組／顏佑婷

企製開發組／江季珊、張哲剛

發　行　人／江媛珍

法律顧問／第一國際法律事務所 余淑杏律師・北辰著作權事務所 蕭雄淋律師

出　　　版／蘋果屋

發　　　行／蘋果屋出版社有限公司
　　　　　　地址：新北市235中和區中山路二段359巷7號2樓
　　　　　　電話：（886）2-2225-5777・傳真：（886）2-2225-8052

代理印務・全球總經銷／知遠文化事業有限公司
　　　　　　地址：新北市222深坑區北深路三段155巷25號5樓
　　　　　　電話：（886）2-2664-8800・傳真：（886）2-2664-8801

郵政劃撥／劃撥帳號：18836722
　　　　　　劃撥戶名：知遠文化事業有限公司（※單次購書金額未達1000元，請另付70元郵資。）

■出版日期：2024年07月

ISBN：978-626-7424-25-4

版權所有，未經同意不得重製、轉載、翻印。

Complete Copyright © 2024 by Taiwan Mansion Publishing Co., Ltd.
All rights reserved.